100道

簡 單 麵 點 馬 上 吃

利用不發酵麵糰和水調麵糊，蒸煮煎炸做中、西式麵食

道

江豔鳳 著

暢銷食譜《意想不到的電鍋菜100》作者

不用再「等」，隨做隨好馬上吃！

　　烹飪新手或不想花大把時間做菜的人，常認為製作麵類點心很耗時耗力，寧可買現成的東西來吃。的確，由於麵食在製作過程中常需要「等」麵糰發酵，製作時間自然變長。不過，若麵糰不需經長時間的發酵，僅需「醒」一下麵糰，就是放在一旁不動，使麵糰鬆弛，或者僅是調製簡易的麵糊、餅乾麵糰，那花在麵糰上的時間變少，製作麵食自然不再令人卻步。

　　在烹飪教室教學的過程中，發現學生們並不討厭揉麵糰，只是不喜歡等待麵糰發酵，常常從肚子餓等到餓飽了沒有食慾，麵食才熱騰騰出爐。但若因製作時間過長而放棄嘗試自己做，真的很可惜，所以，我在本書特別挑選出100道不需等待長時間發酵的麵食，期望喜歡麵食的讀者都能試試看。

　　本書中的100種麵食，多不需經長時間發酵，只要一點點「醒」麵的時間即可。內容分為：「Part1最受歡迎的麵食」包括大家都愛吃的蝦仁燒賣、小籠湯包、京醬牛肉餅、大阪燒、墨西哥薄餅等。「Part2零失敗率超簡單的麵食」則選了一些對新手來說，可迅速完成又不易失敗的簡單麵食，像一般水餃、各類口味蛋餅、煎餅和麵條等，從製作到上桌，顛覆傳統麵食給人的繁複印象。「Part3最經典吃不膩的麵食」包含大家耳熟能詳的點心，像蘿蔔絲餅、豬肉餡餅、胡椒餅、排骨麵、肉骨茶麵，搭配基本口味的杏仁瓦片、桂圓核桃馬芬和蛋塔等一吃再吃的西點。

　　看到這些令人想流口水的中、西式麵食，是不是很想馬上去買材料做做看呢？一旦開始做了，才會發現麵食簡單好好做，真想天天做三餐吃呢！

江豔鳳

製作前的 **10** 大注意事項

請所有讀者在製作本書內的美味麵食前，需注意以下幾點事項，才可避免不必要的錯誤與節省時間。

1. 粉類食材要過篩

所有粉類食材，像麵粉、泡打粉、小蘇打粉，在使用前必須全部先以篩網過篩，否則完成的麵糰或麵糊中會有未散的顆粒，口感會不佳，甚至粉粉的。

2. 購買新鮮的食材

尤其是麵粉一定要新鮮！如果買到不新鮮的，或是家中存放過久的麵粉，比較難搓揉成糰或調成均勻的麵糊，所以，建議讀者們每次製作時購買新鮮的麵粉，且盡量一次用完。

3. 學會正確保存麵糰好處多

許多麵糰可以放入冰箱冷藏或冷凍保存，讀者可以一次做較多的量，像蛋餅皮、水餃、豆沙鍋餅這類，再參照本書**p.9**生麵糰和已熟成品的保存方法即可。只要保存得當，平時只需取出加熱就可食用，對忙碌的現代人來說非常方便。

4. 烹飪新手先從簡單的做起！

建議剛學習烹飪的新手讀者們，不妨先從本書「**Part2**零失敗率超簡單的麵食」的蛋餅、水餃和煎餅，以及「**Part3**最經典吃不膩的麵食」的餅乾做起，都很適合初學者，成功率高不失敗。

5. 先瞭解麵糰、基本做法參考p.10~17

欲製作麵食前，可先參照**p.10～17**製作燙麵麵糰、冷水麵麵糰、油皮油酥、蛋餅皮和各類包法等。其中，燙麵麵糰、冷水麵麵糰、油皮油酥、蛋餅皮是標準配方，書中一般麵食的麵糰都可以參照製作。不過，因為像**p.21**的蝦仁燒賣，雖同樣是以燙麵麵糰製作，但因配方中多了澄粉，所以用全部材料寫出的方法呈現。

6. 特別標記麵糰和難易度

為了方便讀者製作，在每道食譜中，都有標記是利用燙麵麵糰、冷水麵麵糰或是一般麵糊等製作的，使讀者能一目了然。另外，還有難易度的標示，以★～★★★顆星標示，★顆星是最簡單，★★★顆星則做法比較難，讀者可自由選擇挑戰。

7. 麵糰的簡單分割方式

因為這不是一本教讀者考證照的教科書，所以，在分割醒完的麵糰上，並沒有完全以「每個多少克」來計算，為方便大家在家中製作，都以分成幾塊來表示。但通常每個鍋貼皮為**15克**、煎餃和水餃皮**12克**、燒賣**10~12克**、麵疙瘩**10克**、貓耳朵**4克**、蛋餅皮**125克**，但仍可依個人口感斟酌大小。

8. 醒完的麵糰不聽話怎麼辦？

當你將醒完的麵糰分割、整型時，若發現麵皮不聽話的縮回來，無論如何都難以擀成想要的形狀時，可將麵糰全部再次集中，放入容器中，蓋上保鮮膜再醒一下，這是麵糰醒的時間不夠常發生的狀況。不過，也別醒太久，否則在夏天麵糰就容易酸掉。

9. 餅乾類使用無鹽奶油

製作餅乾類時，材料中的奶油是指無鹽奶油，可在一般超市買到。因奶油是從冰箱中取出的，使用前要放在室溫使其軟化再用，否則拌不開。

10. 保持工作檯面的整潔

製作麵食時，工作檯面上到處都是粉類材料，記得要隨時將桌面保持乾淨，有利於操作。而黏在檯面上的小麵糰，可用切麵刀刮乾淨。

contents

目錄

PART1 最受歡迎的人氣麵食

PART2 零失敗率超簡單的麵食

PART3 最經典吃不膩的麵食

認識常見的工具和材料

製作中式麵食需準備的工具和材料，相較於西式的蛋糕、餅乾少了許多，準備時較不花功夫。而且，烹調器具大多是一般家庭已備有的，相當省事。

以下介紹製作本書麵食比較常見的的材料和工具，讀者在開始做之前，先瞭解這些東西，有助於採買和正確使用。

【擀麵棍】

通常是木頭製的，用來將麵糰或麵皮壓平，是製作餅類或餃子皮時不可或缺的工具之一。但如果臨時找不到，可用手掌壓平。使用完後以水清洗乾淨，放在通風處吹乾，不要放在潮濕處，避免發霉。

【防沾黏紙和布】

可以鋪放在蒸鍋中，再放上如燒賣、蒸餃等食物，蒸熟後易於拿取，才不會使皮破掉。亦可使用濕布。

【竹籠】

蒸東西的器具。也有許多人會使用蒸鍋，而竹籠的優點在於蒸煮過程中，由於竹子本身會吸收水氣，可以避免水滴在食物上，影響口感。

【切麵刀】

可將麵糰平均分成數糰的好工具。也可以拿來切麵條，或者是揉麵糰時，可順利刮起工作檯面的麵粉糰。

【竹籤】

用來取餡料包入餃子皮或餅皮中。也可以用小湯匙取代，但竹籤因為平板狀，方便將殘留在籤上的餡料抹淨，而湯匙有彎度，比較不利於操作。

【量杯】

杯子外面有刻度，可用來量液體和固體粉類。還有其他如透明、塑膠等材質做成的量杯，可依各人喜好選擇。

【電子秤】

用來測量數量精細材料的工具。電子秤的優點是可以測量到極微小的數量，尤其10克以下的粉類，很難利用傳統秤或量匙，電子秤就能派上用場，可在西點烘焙材料店、大賣場購得。

【烤焙紙】

麵糰欲進烤箱烤焙時，鋪在烤盤上的紙。也可鋪在模型中使用。使用完即可丟棄，相當方便。另也有賣玻璃纖維材質的紙，可重複洗淨使用。

【篩網】

用來篩細材料的工具，通常用來篩粉類材料，可準備數個不同大小網眼的篩網。粉類過篩後做成的成品，會比較細緻。

【烤盤】

將麵糰等放在烤盤上才可入烤箱烤焙。烤盤形狀多，一般新手先準備方形、圓形深淺烤盤即可，鋁製材質烤盤因價格便宜，用途較廣，同樣適合新手購買。

【麵粉】

依不同的原料，一般常見的有高筋、低筋和中筋麵粉。中筋麵粉是混合軟質和硬質的冬麥研磨而成的粉，多用來做中式的麵食和各式西點。高筋麵粉適合做麵包，又稱「麵包麵粉」。而低筋麵粉是採用軟質冬麥研磨而成，粉粒較細緻，可做鬆軟的蛋糕和餅乾。

【泡打粉】

白色細粉末狀，膨大劑的一種。麵粉中加入了泡打粉，可使成品具膨脹效果。

【小蘇打粉】

白色細粉末狀，膨大劑的一種。能使烘焙成品快速膨脹，是最常見的膨大劑之一。

【全麥麵粉】

全麥麵粉是由整顆麥粒經研磨而成的粉，顏色較一般麵粉來的深，營養成分也較高，風味也有不同。

【澄粉】

又稱小麥澱粉或汀粉，是透明的純澱粉，但因具有Q度和黏度，適合用來做水晶餃、港式腸粉、涼圓、蘿蔔糕等點心。

【無鹽奶油】

奶油通常可分為無鹽和含鹽奶油。含鹽奶油適合用於一般烹調，或直接塗抹在麵包上食用。而另一種無鹽奶油，多用於烘焙上，本書的餅乾，均用無鹽奶油製作，在一般超市就可買到。

認識超神奇的麵粉魔力

　　無論東西方，以麵粉做成食物的歷史已久。在西方，通常是將麵粉加入冷水揉成麵糰，製作餅乾、塔派、蛋糕。而在中國，麵粉不限只加入冷水，可藉由加入不同溫度的水，和成各種麵糰製成麵皮或調成麵糊，再加工做成餅類、麵條、餃子……。

　　在台灣，麵食是主食之一，數以百計的麵食，總讓人百吃不膩。但卻常有人因麵食需花較長時間製作而卻步，其實，只要避開需長時間發酵的麵食，自己做麵食就和做其他菜一樣簡單。這類不需長時間發酵、僅需稍微「醒」的麵糰做成的麵食，尤其適合烹飪新手或缺乏時間做菜的人。

　　你是否心動，想要自己試試看呢？製作麵食之前，必須瞭解麵粉和不同溫度的水之間的關係，才能以正確的麵糰做麵食。接著，就從本書中用到的各類麵糰開始認識起吧！

（一）認識麵糰

　　中式麵食最特別的地方，就是麵粉會加入不同溫度的水揉成麵糰，叫做「水調麵」。如果麵粉加入冷水，揉成的麵糰稱做「冷水麵麵糰」。加入部分的滾水和冷水，揉成的麵糰稱做「燙麵麵糰」。只要掌握好水溫，就能做成不同的麵食。另外，還有利用麵粉加入油、水，以及麵粉和油的「油皮」、「油酥」，還有單純以水加入麵粉的麵糊等，都能製作出好吃的麵食。

【冷水麵麵糰】

　　是指常溫下的水和麵粉和成的麵糰。通常和成麵糰後要醒約30分鐘，所謂「醒」，就是將麵糰放入容器中，蓋上保鮮膜，或蓋上濕布，置於一旁不動，使麵糰能充分鬆弛。剛和成的麵糰較結實且筋性佳，這時麵糰較難擀開，即使擀開也無法維持形狀，縮來縮去彈回原樣，所以需要「醒」約30分鐘。但也不可醒太久，尤其在夏天，麵糰會酸掉。

　　冷水麵麵糰大多可用來製作麵條、水餃、貓耳朵、麵疙瘩、餛飩等，適合需下水煮熟的麵食。烹調時，記得不要入水煮太久，否則麵糰吸過多水容易變軟爛。

【燙麵麵糰】

　　是指以滾水、冷水和麵粉和成的麵糰。通常和成麵糰後要醒約20～30分鐘。燙麵通常是先加入滾水，再加入冷水拌成麵糰。由於麵糰已經被熱水燙熟，筋性較差，比較容易塑型，口感較Q。

　　這類麵糰適合以蒸、煎、烙、炸的方式烹調，可以做成煎餃、燒賣、蒸餃、蛋餅皮、餅類等麵食。製作燙麵麵糰，記得先倒入滾水，以擀麵棍或筷子拌開，再倒入冷水拌勻成糰，順序不可弄錯。

【油皮油酥】

　　是指以麵粉、冷水和酥油和成的「油皮」，以麵粉和酥油和成的「油酥」，再以油皮包裹油酥，分別經過兩次的擀開和捲起，兩次各醒約20～30分鐘擀開使用，因此成品層次較多。由於製作的過程較繁複，新手需要多練習幾次才會熟練。

　　油皮油酥多以烤的方式烹調，可以做成蛋黃酥、鳳梨酥、牛舌餅、叉燒酥等。製作的

重點在第一次和第二次的擀、捲時可稍微拉長，捲時若多捲幾圈，成品會更酥脆。

（二）認識麵糊

除了中式的冷水麵麵糰、燙麵麵糰和油皮油酥以外，神奇的麵粉還可以加入水調成麵糊，或者餅乾麵糰。

【麵糊】

不同於冷水麵麵糰，是指以較多量的冷水和麵粉調和而成的麵糊。這類麵糊用途很廣，加入火腿絲、馬鈴薯絲等材料和些許鹽去煎，就成了鹹味麵餅。但如果麵糊不加調味或加一點糖，可以做成鬆餅或搭配餡料做成水果煎餅等。

製作時，調好的麵糊可以稍微靜置一下，使麵粉能完全溶於水中，吃起來不會粉粉的或有顆粒狀。然後倒入鍋中煎熟，做法簡單，可以說是最適合新手製作的麵點，失敗率相當低。

【餅乾麵糰】

是指以冷水、奶油、麵粉和其他粉類或材料調和而成的麵糰。這是歐美國家最常用的，多拿來做餅乾、塔、派類等西式點心。這類點心相當重視配方，必須完全依照配方製作，不可任意更改。

完成的麵糰可以自己整型或運用模型壓好，放入烤箱中烘焙至熟。喜歡做西點的人，餅乾是最容易入門的品項，千萬不可錯過。

（三）生麵糰的保存

如果一次製作的麵糰量較多，可以將麵糰一個個放入塑膠袋中，或者以保鮮膜密封包好，放入冰箱中冷藏，約可保存**3**天。

欲使用麵糰時，從冰箱取出後要先退冰，然後撒上些許乾麵粉，繼續醒一下就可以使用。

（四）麵食成品或半成品的保存

現代人由於生活忙碌，為求方便，通常會一次多做一些成品，將吃不完的保存起來，想吃時再加熱。其中，像豆沙鍋餅、綠豆沙盒、油皮油酥的成品適合放入冰箱冷藏或冷凍，取出加熱就可食用。另外，像水餃、雞肉韭菜盒、餡餅、蔥油餅等，則可包入餡料成半成品後放入冰箱保存，同樣取出加熱食用。至於燒賣、墨西哥薄餅、京醬捲肉餅等，必須做現吃才美味。

看圖成功做麵糰和麵條

一般人認為製作麵糰相當困難，不過，如果你知道正確的操作方法，不止麵糰，像油皮油酥、餃子皮、蛋餅皮，還有餃子、燒賣、湯包、餡餅等，就如同烤餅乾般簡單，只要些許時間就搞定。想製作本書的麵點，先學會以下這些麵糰、麵條的基本做法，就能簡單運用在各式點心，讓你馬上做馬上就能吃，不用餓肚子了！

製作冷水麵糰

材料（成品約**900**克）：

中筋麵粉**600**克、冷水**300**c.c.

做法：

1. 麵粉過篩後倒入容器。
2. 加入冷水。
3. 以手拌勻揉搓。
4. 揉成麵糰。
5. 放入容器中蓋上保鮮膜，醒約**30**分鐘。
6. 成一光滑麵糰（圖上方為未醒過的麵糰）。

製作燙麵麵糰

材料（成品約**1,000**克）：

中筋麵粉**600**克、

滾水**320**c.c.、冷水**100**c.c.

做法：

1. 麵粉過篩後倒入容器，加入滾水。
2. 以擀麵棍拌勻。
3. 加入冷水。
4. 以手拌勻揉搓。
5. 揉成麵糰。
6. 放入容器中蓋上保鮮膜，醒約**20~30**分鐘。
7. 成一光滑麵糰（圖上方為未醒過的麵糰）。

製作手工麵條

材料：

冷水麵麵糰、麵粉

做法：

1. 將冷水麵麵糰稍微壓扁平。

2. 以擀麵棍擀開擀平成大圓片。

3. 將圓片麵皮對折。

4. 以刀切適量寬度的長條狀。

5. 將切好的麵條一條條剝開。

6. 在麵條上撒一些麵粉。

7. 以手抓一抓麵條，使麵粉沾裹在麵條上。

Tips：

1. 若想製作綠色的菠菜麵條，可準備150克的菠菜葉、300c.c.的水倒入果汁機中打成汁，過濾成菠菜汁。然後將600克的中筋麵粉、300c.c.的菠菜汁倒入麵粉（圖1），拌勻成糰（圖2），揉至光滑，蓋上保鮮膜醒約25分鐘，再依麵條做法製作即成。

2. 若想製作橘紅色的胡蘿蔔麵條，可準備200克的胡蘿蔔絲、200c.c.的水倒入果汁機中打成汁，過濾成胡蘿蔔汁。然後將600克的中筋麵粉、300c.c.的胡蘿蔔汁拌勻成糰，揉至光滑，蓋上保鮮膜醒約25分鐘，再依麵條做法製作即成。

3. 若想製作黃色的南瓜麵條，可準備200克的南瓜絲、250c.c.的水倒入果汁機中打成汁，過濾成南瓜汁。然後將600克的中筋麵粉、300c.c.的南瓜汁拌勻成糰，揉至光滑，蓋上保鮮膜醒約25分鐘，再依麵條做法製作即成。

簡單煮麵條

材料：

麵條、水、油

做法：

1. 取一鍋滾水，水量不能太少，放入麵條。

2. 以筷子攪拌一下。

3. 第一次煮滾後，倒入一碗約八分滿的冷水。

4. 等再次煮滾，將麵撈起。

5. 拌入一些油可使麵條更好吃。

製作油皮油酥

材料：

油皮約**270**克（中筋麵粉**150**克、糖**20**克、豬油**40**克、水**65c.c.**）

油酥約**175**克（低筋麵粉**120**克、豬油**55**克）

做法：

1. **製作油皮**：麵粉過篩後倒入容器。
2. 加入油、水拌勻成糰，即成油皮。
3. 將油皮分成**10**小塊揉圓，蓋上保鮮膜。
4. **製作油酥**：麵粉過篩後倒入容器，加入油拌勻成糰，注意此處沒有加入水，只需輕拌，即成油皮。
5. 將油酥分成**10**小塊揉圓。
6. 取油皮拍扁。
7. 將油酥放在油皮上包起來，成一圓球。
8. **第一次擀**：取一包好的圓球，以擀麵棍輕輕擀平。
9. **第一次捲**：將麵皮往自己方向捲回。
10. 整個捲好成一長條狀，醒約**20**分鐘。
11. **第二次擀**：取剛才捲好的長條麵糰，以擀麵棍輕輕擀平。
12. **第二次捲**：將麵皮往自己方向捲回。
13. 將捲好的油皮油酥立著排好，蓋上保鮮膜，醒約**20**分鐘。

製作餃子皮

材料：

冷水麵糰

做法：

1. 將冷水麵糰搓成長條狀，分成一個個小麵糰，每個約**12**克。
2. 以手稍微壓扁平。
3. 以擀麵棍擀成圓形皮，需控制皮的厚薄為中間厚邊緣薄。

以下介紹3種餃子的包法，
可依各人喜好運用在水餃、蒸餃、煎餃上。

簡單包餃子——1

材料：

冷水麵糰餃子皮、餡料

做法：

1. 放入餡料，注意不可放太多，否則皮會爆開。

2. 將餃子皮對折後壓緊。

3. 從皮的右邊往左邊做折痕，約到一半處。

4. 從皮的左邊往右邊做折痕，約到一半處。

5. 成品分開排放。

簡單包餃子——2

材料：

冷水麵糰餃子皮、餡料

做法：

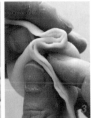

1. 放入餡料，注意不可放太多，否則皮會爆開。

2. 將餃子皮對折後壓緊。

3. 在皮的三分之一處從右邊往左邊做大折痕。

4. 將折痕處捏緊。

5. 成品分開排放。

簡單包餃子——3

材料：

冷水麵糰餃子皮、餡料

做法：

1. 放入餡料，注意不可放太多，否則皮會爆開。

2. 右手壓住皮，左手做一高起折痕。

3. 左手做的折痕麵皮往右摺。

4. 每個折痕收口確實捏緊。

5. 成品分開排放。

簡單包鍋貼

材料：

燙麵麵糰鍋貼皮、餡料

做法：

1. 放入餡料，注意不可放太多，否則皮會爆開。
2. 將鍋貼皮對折後壓緊。
3. 將鍋貼皮左右稍微拉長，左右留小孔。
4. 成品分開排放。

簡單做湯包

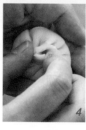

材料：

燙麵麵糰湯包皮、餡料

做法：

1. 放入餡料，注意不可放太多，否則皮會爆開。
2. 以左手取皮，從左邊往右邊做小皺褶，右手將做好的皺褶捏緊。
3. 整個湯包皮都以左手做完皺褶，右手壓緊。
4. 整個捏好，中間流一個小孔。
5. 成品分開排放。

簡單包燒賣

材料：

燙麵麵糰或**p.21**燒賣皮材料、餡料

做法：

1. 將燒賣皮握放在虎口，放入餡料。
2. 以虎口稍微握緊。
3. 以竹籤將燒賣皮底稍微頂平。
4. 放入裝飾物，如青豆仁。
5. 成品分開排放。

製作貓耳朵

材料：

冷水麵糰

做法：

1. 將冷水麵糰搓成長條狀。

2. 分成一個個小麵糰，每個約**4**克。

3. 先以大拇指將小麵糰稍微按壓。

4. 大拇指往右邊搓。

5. 成品分開，避免黏在一起。

製作麵疙瘩

材料：

冷水麵糰

做法：

1. 將冷水麵糰搓成長條狀。

2. 以手隨意剝一小塊狀，每個約**10**克。

3. 以大拇指和食指壓一下。

4. 成品分開，避免黏在一起。

製作蛋餅皮

材料：

燙麵麵糰、蔥花

做法：

1. 將麵糰稍微壓扁平。

2. 以擀麵棍先往上下方向擀開。

3. 將麵皮橫放，再往上下方向擀開，成一大圓片。

4. 撒上些許蔥花。

5. 以擀麵棍將蔥花和麵皮擀平。

6. 鍋燒熱，倒入少許油，放入擀好的麵皮煎。

7. 餅皮翻面再煎熟。

簡單煎蛋餅

材料：

蛋餅餅皮、蛋液、蔥花

做法：

1. 鍋燒熱，倒入少許油，放入約**1**個份量的蛋液煎。
2. 蛋液煎至辦熟。
3. 蓋上蛋餅皮。
4. 翻面再煎，將蛋餅皮捲起。

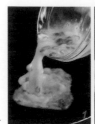 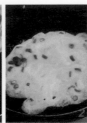  

簡單包餡餅

材料：

燙麵麵糰、餡料

做法：

1. 將麵糰分成數小塊，搓揉成小圓球。
2. 以擀麵棍擀成圓形皮，皮的厚薄需控制為中間厚邊緣薄。
3. 放入餡料，注意不可放太多，否則皮會爆開。
4. 一邊將餡料往內擠，一邊將麵皮拉起。
5. 整個麵皮包裹好。
6. 麵皮收口朝下，以手稍微壓扁平。
7. 成品分開排放。

簡單做荷葉餅

材料：

中筋麵粉200克、滾水100c.c.、
冷水40c.c.、沙拉油少許

做法：

1. 將中筋麵粉放入容器中，加入滾水攪拌，再加入冷水拌勻成糰，揉至光滑，蓋上保鮮膜醒約20分鐘。
2. 麵糰平均分割成2小塊，將2個麵糰重疊，中間抹上一層沙拉油。
3. 撒上少許麵粉，再擀成一張圓皮。
4. 平底鍋燒熱，放入麵皮，以小火煎至麵皮鼓起，翻面再煎至鼓起，取出趁熱將餅分成2片。

製作雞高湯

材料：

雞胸骨600克、水1,800c.c.、扁魚適量

做法：

1. 備一鍋滾水，放入雞胸骨汆燙，撈出雞胸骨。
2. 扁魚放入烤箱稍微烤過，取出壓成碎片，放入小布袋中。
3. 鍋中倒入1,800c.c.的水，加入雞胸骨和扁魚，先以大火煮滾，再改小火煮約1小時半即成。

Tips：本書中的麵食，若未指定高湯，則雞、豬兩種高湯皆可使用。

製作豬高湯

材料：

豬大骨600克、水1,800c.c.、扁魚適量

做法：

1. 備一鍋滾水，放入豬大骨汆燙，撈出豬大骨。
2. 扁魚放入烤箱稍微烤過，取出壓成碎片，放入小布袋中。
3. 鍋中倒入1,800c.c.的水，加入豬大骨和扁魚，先以大火煮滾，再改小火煮約1小時半即成。

24 道

PART 1

最受歡迎的
人氣麵食

包括大家都愛吃的蝦仁燒賣、
小籠湯包、京醬牛肉餅、大阪燒、
墨西哥薄餅等，隨手在家就能做，不用在夜市排隊或餐廳購買。

最受歡迎的正宗港式點心！

1 蝦仁燒賣

{燙麵麵糰就OK！}

材料：
中筋麵粉**150**克、澄粉**20**克、滾水**80c.c.**、冷水**30c.c.**、鹽少許、沙拉油少許、蝦仁**20**尾、絞肉**200**克、青豆仁適量、薑汁**2**小匙、蔥末**2**大匙

調味料：
鹽**1/2**小匙、雞粉少許、醬油**1**小匙、米酒**1/2**大匙、糖**1/2**小匙、胡椒粉少許

做法：

1. **製作燒賣皮：**將中筋麵粉、澄粉過篩到容器中，倒入滾水攪拌，加入鹽，再慢慢倒入冷水揉成光滑麵糰，加入少許沙拉油揉至麵糰光滑，蓋上保鮮膜，醒約**20**分鐘。

2. 桌上撒些許手粉，放上做好的燙麵麵糰，先搓成長條狀，然後分割成約**20**小塊，壓扁擀成圓麵皮。

3. 蝦仁挑去腸泥，加入少許鹽搓揉後洗淨瀝乾。

4. **製作餡料：**將絞肉放入容器中，續入薑汁、蔥末和調味料，拌勻至有黏性，醃約**15**分鐘。

5. 將餡料放入圓麵皮，加入蝦仁、青豆仁，參照**p.14**的做法包好燒賣。將燒賣排在蒸盤內，水滾入蒸鍋蒸約**6**分鐘即成。

Tips

1. 這裡的燒賣皮和一般的燙麵麵糰差不多，但為使燒賣皮口感更佳，在配方上稍做改變。其中加入的澄粉，可使皮吃起來更**Q**，可在迪化街或傳統雜貨店買到，若買不到澄粉，也可用日式太白粉取代。

2. 蒸燒賣時，記得需等水滾了才放進去蒸，否則較不易掌握蒸的時間。

大 人 小 孩 都 愛 吃 的 人 氣 麵 點 ， 吃 好 肉 喝 好 湯 ！

小籠湯包

{燙麵麵糰就OK！}

難易度
★★

材料：
燙麵麵糰**120**克、絞肉**200**克、蔥末**2**小匙、薑汁**1**小匙

皮凍：
豬皮**300**克、雞腳**3**支、薑**2**片、蔥白**2**支、米酒**15c.c.**、水**600c.c.**

調味料：
鹽**1/4**小匙、淡醬油**1/2**小匙、糖**1/4**小匙、胡椒粉少許、香油**1**小匙

做法：

1. **製作湯包皮**：參照**p.10**做好燙麵麵糰。桌上撒些許手粉，放上燙麵麵糰，先搓成長條狀，然後分割成約**15**克的小塊，壓扁擀成中間厚、邊緣較薄的圓麵皮。

2. **製作皮凍**：豬皮、雞腳洗淨後放入滾水中煮約**5**分鐘。撈出泡冷水，涼後取出。豬皮切小塊，雞腳剁小段，再放入內鍋，加入薑片、蔥白和米酒、水，外鍋倒入**2**杯水，煮至開關跳起後燜約**10**分鐘，取出過濾汁液，放入冰箱冷藏成凍狀。

3. **製作餡料**：將絞肉放入容器中，續入調味料，倒入蔥末、薑汁拌勻，拌至有黏性，加入皮凍拌勻，移入冰箱冷藏**15**分鐘。

4. 將餡料放入圓麵皮，參照**p.14**的做法包好湯包。將湯包排在蒸盤內，待蒸鍋內的水滾，放入蒸鍋蒸約**6**分鐘即成。

Tips

1. 小籠湯包可以搭配薑絲和醋一起吃，肉餡吃起來才不會太膩。

2. 小籠湯包最特別的地方在於喝得到湯汁。只要在肉餡中加入皮凍，待小籠包入鍋蒸時，皮凍遇熱融化，和著肉餡就成為美味的湯汁。

3
菠菜蝦仁水餃
{冷水麵麵糰就OK！}

材料：
菠菜水餃皮**250**克、絞肉**80**克、蝦仁**150**克、薑末**1**小匙、
蔥末**2**小匙

調味料：
鹽**1/4**小匙、糖少許、胡椒粉少許、香油**1/4**小匙

做法：

1. **製作菠菜水餃皮：**參照**p.11**的**Tips**的做法，做好菠菜冷水麵糰，其餘步驟同**p.12**水餃皮的做法。

2. **製作餡料：**蝦仁洗淨瀝乾後剁碎，放入容器中，續入絞肉、薑末、蔥末和調味料，拌均勻後醃約**15**分鐘。

3. 取出水餃皮，放入餡料，參照**p.13**的做法包好水餃。

4. 備一鍋滾水，放入水餃、少許油煮，待煮滾約**1**分鐘，倒入一碗冷水續煮約**1～2**分鐘，撈出即成。

Tips

1. 煮水餃時加少許油，可防止餃子沾黏。煮出來的水餃會粒粒分開且外皮油亮。

2. 做法**4.**中煮餃子時，煮滾約**1**分鐘後需倒入一碗約八分滿的冷水，這是為了避免內餡還未熟但皮已熟透，此時若再加一碗冷水，可繼續煮餡，又可防止皮煮破。

材料：

南瓜水餃皮250克、雞胸肉200克、肥絞肉50克、薑末2小匙、蔥末4小匙

調味料：

鹽1/4小匙、雞粉1/4小匙、胡椒粉少許、米酒1小匙、太白粉少許

做法：

1. **製作南瓜水餃皮：** 參照**p.11**的**Tips**的做法，做好南瓜冷水麵糰，其餘步驟同**p.12**水餃皮的做法。

2. 雞胸肉洗淨瀝乾，切丁後剁碎放入容器中，續入肥絞肉、薑末、蔥末和調味料，拌均勻後醃約**15**分鐘。

3. 取出水餃皮，放入餡料，參照**p.13**的做法包好水餃。

4. 備一鍋滾水，放入水餃、少許油煮，待煮滾約**1**分鐘，倒入一碗冷水續煮約**1**分鐘，撈出即成。

Tips

製作南瓜水餃皮時，南瓜不要切大塊，可切成小塊或是絲再放入果汁機中攪打。太大塊比較難攪打。

4

南瓜雞肉水餃

{冷水麵麵糰就OK！}

難易度

★

5
洋蔥鮪魚蛋餅
{燙麵麵糰就OK！}

Tips

1. 因為蛋液中已經加入少許鹽，可不需沾醬料食用。但若喜歡吃醬料，蛋液中的鹽可加少量或不加。
2. 多做的蛋餅皮可以一個個放入塑膠袋中或以保鮮膜分開包好，放入冰箱冷凍。此外，也可先將多做的餅皮先煎定型再保存，下次只要加熱就可以吃了，這樣就更省時了。

材料：
蛋餅皮2張（燙麵麵糰250克）、雞蛋2個、洋蔥40克、熟鮪魚80克、蒜末1小匙、蔥花10克
調味料：
鹽少許

做法：
1. 洋蔥切末，蛋餅皮做法參照p.15。
2. 將1個雞蛋打入碗中，加入蔥花、少許鹽拌勻成蛋液。
3. 製作餡料：鍋燒熱，倒入少許油，放入洋蔥末炒香後取出。將洋蔥末放入碗中，加入鮪魚、蒜末輕輕拌勻。
4. 平底鍋燒熱，倒入1/2大匙油，續入蛋液、餡料，蓋上蛋餅皮，先以小火煎熟後翻面，再煎至蛋餅皮微焦捲起，取出切塊即成。

材料：
蛋餅皮2張（燙麵麵糰250克）、雞蛋2個、火腿4片、玉米粒80克、青豆仁15克、蔥花10克

調味料：
鹽少許

做法：

1. 將1個雞蛋打入碗中，加入蔥花、少許鹽拌勻成蛋液。

2. 餅皮做法參照p.15。

3. 平底鍋燒熱，倒入1/2大匙油，續入蛋液，依序放入玉米粒、青豆仁和火腿片，蓋上蛋餅皮，先以小火煎熟後翻面，再煎至蛋餅皮微焦捲起，取出切塊即成。

餅皮做法參照p.15。

Tips

1. 這道蛋餅大人小孩都喜歡，當早餐或點心都適合，做法簡單，人人吃得開心。

2. 材料中的2張蛋餅皮、2個雞蛋為2人份，若想做多人份，可斟酌增加蛋餅皮或搭配的材料。

6
火腿玉米蛋餅
{燙麵麵糰就OK！}

難易度
★

7 牛肉餡餅

{燙麵麵糰就OK！}

難易度
★★

材料：
燙麵麵糰150克、牛絞肉150克、肥絞肉25克、蔥末2大匙、
薑汁1小匙

餡料：
鹽1/4小匙、糖少許、米酒1小匙、醬油1小匙、黑胡椒粉少許

做法：

1. **製作餅皮：**參照**p.10**做好燙麵麵糰。桌上撒些許手粉，放上
   燙麵麵糰，分割成**3～4**小塊，壓扁擀成圓皮。
2. **製作餡料：**將牛絞肉、肥絞肉和調味料拌勻，再放入蔥末、
   薑汁拌至有黏性。
3. **製作餡餅：**參照**p.16**的做法，左手放上圓餅皮，放入適量的
   餡料包好，收口捏緊，封口再朝下壓扁。
4. 平底鍋燒熱，倒入**1**大匙油，放入餡餅，收口朝下，煎至兩
   面呈金黃色，再轉小火煎熟即成。

Tips

1. 因為牛絞肉本身吃起來
   較澀，加入些許肥絞
   肉，吃起來口感較佳。
2. 豬絞肉在購買時，基本
   上就會加入肥絞肉，所
   以若製作豬肉餡餅，不
   需再加多餘的肥肉。

百 貨 公 司 美 食 街 的 冠 軍 人 氣 麵 食

8
京醬牛肉餅
{燙麵麵糰就OK！}

Tips

1. 製作荷葉餅皮時，記得最後要趁熱趕緊剝成**2**片，否則冷了就剝不開了。
2. 荷葉餅皮除了可以拿來包裹京醬肉絲吃，更常見拿來做烤鴨夾餅的餅皮。

材料：
荷葉餅皮2張、牛肉120克、蔥30克、蒜末1小匙、薑末1小匙

調味料：
甜麵醬2大匙、糖少許、醬油少許、米酒1小匙、水15c.c.

醃料：
醬油1/2大匙、米酒1小匙、太白粉少許

做法：

1. **製作荷葉餅皮：**參照**p.17**做好荷葉餅皮。
2. 牛肉和蔥都切絲。將牛肉放入醃料中醃約**10**分鐘。
3. **製作餡餅：**鍋燒熱，倒入**1**大匙油，放入蒜末、薑末爆香，續入牛肉絲稍微炒，加入醬油、甜麵醬炒香，再倒入糖、米酒和水炒至入味。
4. 將荷葉餅皮攤開，放入餡料、蔥絲包好即成。

材料：
高筋麵粉100克、中筋麵粉100克、水120c.c.、泡打粉2克、鹽3克、糖4克、白油20克

餡料：
絞肉120克、洋蔥60克、洋菇25克、芹菜適量、咖哩粉1小匙、鹽1/2小匙、糖少許、胡椒粉少許、玉米粉水少許

Tips

1. 材料中的白油，還可用奶油、瑪琪琳、酥油等來取代。
2. 注意此處煎餅是用「烙」的，只要抹上少許薄油加熱即可。若餅較薄，可用大火使其在短時間內完成。

做法：

1. **製作餅皮：**將高筋麵粉、中筋麵粉和泡打粉過篩到容器中，倒入鹽、糖和水拌勻揉成糰，蓋上保鮮膜醒約30分鐘，然後加入白油揉成光滑麵糰，蓋上保鮮膜再醒約30分鐘。

2. **製作餡料：**洋蔥、洋菇和芹菜都切末。鍋燒熱，倒入1大匙油，放入洋蔥末爆香，續入絞肉、洋菇末炒至肉散，加入咖哩粉炒香，再加入芹菜末、鹽、糖和胡椒粉拌炒，加入玉米粉水炒至均勻收汁。

3. 將餅皮麵糰分割成3～4塊，以手壓平攤開成薄麵皮，將餡料放入其中，四邊往中間折疊成長方形。

4. 平底鍋燒熱，抹上少許油，放入包好的Q餅，餅的收口要朝下，以烙的方式煎至兩面熟且上色即成。

＊將餡料放入其中，四邊往中間折疊成長方形。

9

印度Q餅
{燙麵麵糰就OK！}

印度最平民化的美食這裡也吃得到！

難易度
★★★

10

夜 市 異 國 小 吃 N O . 1

墨西哥薄餅

{燙麵麵糰就OK！}

材料：
中筋麵粉**150**克、低筋麵粉**70**克、玉米粉**30**克、奶粉**5**克、泡
打粉**3**克、溫水**160c.c.**、奶油少許

餡料：
洋蔥**50**克、玉米脆片**40**克、玉米粒**50**克、牛蕃茄**50**克

做法：

1. **製作餅皮：**中筋麵粉、低筋麵粉和泡打粉過篩後倒入盆中，
   加入玉米粉、奶粉和溫水拌勻成糰，再加入奶油揉至光滑。
   將麵糰放入容器中，蓋上保鮮膜醒約**25**分鐘。取出醒好的
   麵團分割成**8**小塊，再擀成圓餅皮。

2. 洋蔥切絲，牛蕃茄切丁。

3. 平底鍋燒熱，倒入少許油，放入圓餅皮煎至熟且微焦。

4. 將餅皮鋪平，放入餡料包好即成。

Tips

異國風味的墨西哥薄餅
可搭配莎莎醬或其他醬
汁食用。

11

在家自己做披薩，從此不用外帶了！

培根披薩

{燙麵麵糰就OK！}

材料：
高筋麵粉160克、低筋麵粉40克、泡打粉3克、水100c.c.、鹽2克、糖6克、沙拉油少許

餡料：
青椒60克、培根40克、洋蔥20克、雙色起司絲100克、蕃茄醬適量

做法：
1. 青椒切圓片，培根切片，洋蔥切絲。
2. **製作披薩餅：**高筋麵粉、低筋麵粉和泡打粉過篩後倒入盆中，加入鹽、糖和水拌勻成糰，揉至光滑。將麵糰放入容器中，蓋上保鮮膜醒約30分鐘。取出醒好的麵糰分割成2塊，再擀成圓餅皮。
3. 取一圓烤盤，抹上少許沙拉油且壓好邊緣，以叉子在餅皮上刺一些小洞，放入已預熱好的烤箱，以210℃烤約10分鐘。
4. 取出烤好的餅皮，刷上蕃茄醬，撒上乳酪絲，排入青椒、培根和洋蔥絲，撒上乳酪絲，再次放入已預熱好的烤箱，以210℃烤約15分鐘即成。

Tips
1. 披薩的皮做法相同，但可依個人的喜好來改變餡料。
2. 披薩餅皮上要刺一些小洞，可防止烤的過程中餅皮過度膨脹。
3. 一般若沒有烤箱，可以用電鍋來做，但因電鍋加熱力不若烤箱佳，可試著將餅皮做薄一點。或者先用電鍋烤一下餅皮使其有點熟，再放好餡料入電鍋加熱。

哈日迷不可錯過好口味

大阪燒
{一般麵糊就OK！}

12

材料：
中筋麵粉**120**克、山藥泥**30**克、高湯**150c.c.**、瘦肉**40**克、花枝**40**克、蝦仁**40**克、洋蔥**25**克、高麗菜**60**克、日式美乃滋適量、柴魚片少許、海苔粉少許

調味料：
鹽**1/4**小匙、雞粉少許

做法：

1. 瘦肉、花枝切小片，高麗菜、洋蔥切絲，高湯做法參照**p.17**。
2. **製作麵糊**：將中筋麵粉、山藥泥和高湯倒入容器中拌勻，置於一旁約**15**分鐘。
3. 鍋燒熱，倒入少許油，放入洋蔥絲爆香，續入肉片、花枝、蝦仁和調味料炒均勻，然後取出放入麵糊中，加入高麗菜絲拌勻。
4. 平底鍋燒熱，倒入少許油，慢慢倒入麵糊，先以小火煎至麵糊定型，再翻面煎至上色，取出盛盤，淋上美乃滋，撒上柴魚片、海苔粉即成。

Tips

1. 通常大阪燒淋上的美乃滋，可選用日式的美乃滋，口味是鹹的，不同於一般常吃的台式甜口味。可在超市買到，相當方便。
2. 這裡的山藥泥是指日本的白山藥，台灣的山藥氧化速度太快，很快就會變色。
3. 高湯用雞高湯或豬高湯都可以，做法參照**p.17**。

材料：

低筋麵粉100克、水100c.c.、高麗菜50克、胡蘿蔔10克、
蝦仁30克、花枝25克、細油麵85克、雞蛋1個、洋蔥20克、
日式美乃滋適量、柴魚片少許

調味料：

鹽1/4小匙、糖少許、淡醬油少許

做法：

1. 高麗菜、胡蘿蔔和洋蔥都切絲，花枝切條。

2. **製作麵糊**：將低筋麵粉和水倒入容器中拌勻，置於一旁約
   15分鐘。

3. 鍋燒熱，倒入1大匙油，放入洋蔥絲爆香，續入花枝、蝦仁
   炒一下，加入鹽、糖炒均勻後取出。

4. 同鍋放入細油麵、淡醬油炒均勻後取出。

5. 將高麗菜絲、胡蘿蔔絲加入麵糊，續入炒好的
   花枝、蝦仁拌勻。

6. 鍋燒熱，倒入少許油，慢慢倒入麵糊料，
   先以小火煎至麵糊定型，續入細油麵和
   蛋液煎一下，然後翻面煎至熟且上
   色，取出盛盤，淋上美乃滋，撒上柴
   魚片即成。

13 千島燒

{一般麵糊就OK！}

加入了細油麵，不同於大阪燒的異國麵食

難易度
★

14

夏 天 促 進 食 慾 冬 天 吃 得 暖

韓式泡菜煎餅

{一般麵糊就OK！}

材料：

肉片**80**克、韓式泡菜**120**克、韭菜**25**克、蔥末**1**小匙、蒜末**1**小匙、中筋麵粉**110**克、太白粉**20**克、雞蛋**1/2**個、水**120c.c.**

調味料：

鹽少許、雞粉少許、糖**1/4**小匙

做法：

1. 將中筋麵粉、太白粉、雞蛋、水和調味料拌勻成麵糊，靜置約**20**分鐘。
2. 韓式泡菜切小段，韭菜洗淨瀝乾切段。
3. 將肉片、泡菜、韭菜、蔥末和蒜末加入麵糊中拌勻。
4. 平底鍋燒熱，倒入少許油，慢慢倒入麵糊，先以小火煎至麵糊定型，再翻面煎至上色，取出切片盛盤即成。

Tips

1. 可搭配韓式辣椒醬一起食用。泡菜的醬汁也可以一起加入麵糊中。
2. 煎餅時，需不時輕輕搖晃平底鍋，麵糊受熱才會均勻。另外，記得不要煎太久使餅變太硬，麵糊餡料先煎至定型，才是翻面的好時機。

材料：

低筋麵粉120克、地瓜粉10克、高湯130c.c.、花枝
40克、蝦仁40克、魚片30克、蚵仔30克、高麗菜60
克、蒜末1小匙、薑汁2小匙、蔥花2大匙

調味料：

鹽1/2小匙、味醂1大匙、胡椒粉1/4小匙 、香油1小匙

Tips

先放入蚵仔煎，但不
可煎太久。食用時，
可以搭配海山醬或甜
辣醬。

做法：

1. 高麗菜切絲，高湯做法參照**p.17**。
2. **製作麵糊**：將低筋麵粉、地瓜粉和高湯拌勻成麵
   糊，靜置約15分鐘。
3. 將高麗菜絲、蔥花、蒜泥和薑汁放入麵糊
   中，加入調味料拌勻，續入花枝、蝦仁
   和魚片。
4. 鍋燒熱，倒入1大匙油，先放入蚵
   仔，再慢慢倒入麵糊，先以小火煎
   至麵糊定型，再翻面煎至上色，
   取出切片盛盤即成。

難易度
★★

15 海鮮煎餅
{一般麵糊就OK！}

同 時 吃 得 到 新 鮮 海 鮮 和 可 口 蔬 菜 鮮 甜 滋 味

16

難易度
★★

咖哩餡餅

變化口味的餡餅，一吃就上癮！

{燙麵麵糰就OK！}

材料：
中筋麵粉250克、滾水130c.c.、冷水70c.c.、咖哩粉1小匙、絞肉300克、洋蔥70克、蒜末1小匙、蔥末2小匙、太白粉水少許

調味料：
鹽1/2小匙、糖1/4小匙、米酒少許、咖哩粉1小匙

做法：

1. **製作餅皮：**將中筋麵粉倒入容器，加入滾水拌一下，續入咖哩粉、冷水拌勻成糰，置於一旁醒約20分鐘。然後將麵糰分割成數小塊，壓扁擀成圓皮。

2. **製作餡料：**洋蔥切末。鍋燒熱，倒入1大匙油，先放入洋蔥末、蒜末爆香，續入絞肉炒散，加入蔥末和調味料炒至入味且香，再加入太白粉水炒至均勻收汁。

3. **製作餡餅：**參照p.16的做法，左手放上圓餅皮，放入適量的餡料包好，收口捏緊，封口再朝下壓扁。

4. 平底鍋燒熱，倒入1大匙油，放入餡餅，收口朝下，煎至兩面呈金黃色，再轉小火煎熟即成。

Tips

1. 在做法4.中煎餅時收口要朝下，餅會比較容易定型，不會裂開。
2. 餡料中要加入太白粉水收汁，否則餡料會過於湯湯水水，不利於包餡，且會破壞餅皮。

17 雞肉韭菜盒

{燙麵麵糰就OK！}

材料：
燙麵麵糰250克、雞胸肉200克、冬粉1把、韭菜100克、蒜末1小匙、薑末1小匙

調味料：
鹽1/2小匙、糖1/2小匙、胡椒粉少許

做法：

1. 雞胸肉洗淨瀝乾切碎，冬粉以水泡軟切成小段，韭菜洗淨瀝乾切粒，蛋打散。

2. **製作餡料：**鍋燒熱，倒入2大匙油，放入蛋液煎熟後取出。然後放入蒜末、薑末爆香，續入韭菜粒、雞肉炒約1分鐘，加入調味料炒勻，取出後加入冬粉。

3. **製作餅皮：**參照p.10做好燙麵麵糰。桌上撒些許手粉，放上燙麵麵糰，分割成6小塊，壓扁擀成圓皮。

4. **製作韭菜盒：**左手放上圓餅皮，放入適量的餡料，將餅皮對折成半圓形，邊緣封口捏緊。

5. 平底鍋燒熱，倒入1大匙油，放入韭菜盒封口朝下，煎至兩面呈金黃色，再轉小火煎熟即成。

Tips

這是一般韭菜盒的變化款，除了雞肉，當然也可以使用其他肉類。

難易度
★

18
蔥仔餅
{燙麵麵糰就OK！}

傳 統 的 餅 ， 現 代 新 吃 法 ！

材料：
中筋麵粉**150**克、低筋麵粉**60**克、滾水**100c.c.**、
冷水**30c.c.**、蔥花**50**克、鹽少許、豬油少許

調味料：
鹽**1**小匙、胡椒粉**1**小匙

＊將麵糰捲成螺旋狀

做法：

1. 將中筋麵粉、低筋麵粉過篩到容器中，倒入滾水攪拌，加入鹽，再慢慢倒入冷水揉成光滑麵糰，蓋上保鮮膜，醒約**20**分鐘。

2. 將醒好的麵糰分割成**5**塊，擀成長形的餅皮，抹上些許豬油，撒上胡椒粉、蔥花，將麵糰從左右往中間捲成螺旋狀，蓋上保鮮膜再醒約**20**分鐘，然後每個擀壓成約**0.8**公分厚的薄圓餅。

3. 平底鍋燒熱，倒入些許油，放入薄圓餅，煎至餅的兩面微焦，再以小火煎熟即成。

Tips

蔥仔餅麵糰可以平時先做好，抹點油後一個個分開包裝，放入冰箱冷凍保存。想要吃時，取出先退冰再煎熟即成。

材料：

中筋麵粉**300**克、高筋麵粉**50**克、蔥末**50**克、沙拉油適量、冷水**220c.c.**

調味料：

鹽**1**小匙、細砂糖少許

做法：

1. 將中筋麵粉過篩後放入容器中，加入鹽、細砂糖和水，拌勻成麵糰。

2. 放入沙拉油、蔥末，再揉至光滑，放入容器中，蓋上保鮮膜，醒約**60**分鐘。

3. 將麵糰分成**4～5**塊，以擀麵棍擀成薄片，抹上一層沙拉油，從邊緣捲起麵皮，再盤繞成螺旋狀，蓋上保鮮膜醒約**30**分鐘，壓或擀成扁平狀。

4. 平底鍋燒熱，倒入少許油，放入麵皮，先以中火煎至上色，再改小火煎，煎的過程中需用鍋產一邊將麵皮打鬆，餅才會呈現一絲絲狀。

Tips

1. 做法**3.**中將麵皮盤繞成螺旋狀醒，可使完成的麵皮更有層次，吃時有一層層的感覺。
2. 蔥抓餅的做法還可以參照**p.58**的蔥油餅，只要將蔥油餅中的蔥花換成芝麻，相同做法也可做成，而且做法更簡單。

19
蔥抓餅
{燙麵麵糰就OK！}

外 表 看 似 平 凡 無 奇 卻 分 外 美 味 ！

難易度
★★

手工乾麵搭配簡單調味料吃一樣好吃

20

沙茶拌麵

{冷水麵麵糰就OK！}

材料：
冷水麵糰200克、青菜適量、蔥花10克、蒜末2小匙
調味料：
沙茶醬2大匙、蠔油1大匙、糖少許、高湯2大匙

做法：

1. **製作麵條：**參照p.10的做法做好冷水麵糰。桌上撒些許乾麵粉，放上麵糰先壓扁再擀平，再撒些許乾麵粉，然後切成條狀（麵條詳細做法參照p.11）。

2. 將麵條放入鍋中煮熟，撈出放入大碗中（煮麵方法參照p.11）。

3. 高湯做法參照p.17。鍋燒熱，倒入1大匙油，放入蒜末爆香，加入沙茶醬、蠔油、糖和高湯炒勻，淋在麵條上，放上青菜和蔥花即成。

Tips

1. 製作麵條時，可試著將麵條切粗寬一點，看起來更像手擀刀切麵，口感也不同於一般細麵。

2. 這是道口味清淡的麵，喜歡吃重口味的人，可加些辣味調味醬。

Tips

1. 自己DIY麵條時，通常切的麵條是扁平狀。此時，若將切好的麵條兩端拉起輕輕晃一下，麵條就會變成圓條狀，口感略有不同，可以試試！
2. 如果希望炸醬帶點辣味，可以加些辣椒醬。

材料：

冷水麵糰200克、絞肉100克、豆干60克、青豆仁20克、蒜末2小匙、紅蔥末2小匙、水60c.c.

調味料：

甜麵醬1大匙、豆瓣醬1/2大匙、醬油1小匙、糖1小匙、米酒1小匙

做法：

1. 豆干切細丁。
2. **製作炸醬：**鍋燒熱，倒入1大匙油，放入紅蔥末、蒜末爆香，續入絞肉炒散，放入豆干丁炒至微乾，然後倒入甜麵醬、豆瓣醬炒香，加入醬油、糖、米酒和青豆仁炒至入味，倒入**60c.c.**的水以小火炒至湯汁微乾。
3. **製作麵條：**參照**p.10**的做法冷水麵糰。桌面上撒些許乾麵粉，放上麵糰先壓扁在擀平，再撒些許乾麵粉，然後切成條狀（麵條詳細做法參照**p.11**）。
4. 將麵條放入鍋中煮熟，撈出放入大碗中（煮麵方法參照**p.11**），加入炸醬即成。

21
炸醬麵
{冷水麵麵糰就OK！}

好吃的炸醬料是美味的關鍵！

難易度
★

百吃不膩的經典美食非它莫屬

紅燒牛腩麵 22

{燙麵麵糰就OK！}

材料：
麵條200克、牛腩600克、白蘿蔔250克、胡蘿蔔150克、薑15克、洋蔥10克、蔥花適量、青江菜適量、桂皮3克、八角2克、月桂葉2片、水2,500c.c.

調味料：
醬油50c.c.、辣豆瓣醬2大匙、米酒1大匙、鹽1小匙、糖1/2大匙、雞粉少許

做法：

1. **製作麵條：**參照p.10的做法做好冷水麵糰。桌上撒些許乾麵粉，放上麵糰先壓扁再擀平，再撒些許乾麵粉，然後切成條狀（麵條詳細做法參照**p.11**）。

2. 牛腩洗淨切塊，放入滾水中汆燙約**3**分鐘，撈起瀝乾。白蘿蔔、胡蘿蔔去皮切塊，薑切片，洋蔥切絲。

3. 鍋燒熱，倒入**1**大匙油，放入薑片、洋蔥絲爆香，續入牛腩炒約**1**分鐘，加入醬油、辣豆瓣醬和米酒炒香，續入桂皮、八角、月桂葉和水，先以大火煮滾，再改小火煮約**30**分鐘。加入白蘿蔔塊、胡蘿蔔塊，先以大火煮滾，再改小火煮約**30**分鐘。

4. 將麵條放入鍋中煮熟，撈出放入大碗中（煮麵方法參照**p.11**），放入青江菜，加入紅燒牛腩和其他料、湯，撒上蔥花即成。

Tips

製作這道麵最重要的是那鍋滷牛腩。牛腩、胡蘿蔔和白蘿蔔切適當大小即可，煮時也記得要先以大火煮滾，再改小火慢煮，使材料都能入味。

23

抹茶蛋卷

{一般麵糊就OK！}

時尚點心新手也能自己試試！

Tips

1. 全蛋是指已拌勻的蛋液，含蛋黃和蛋白。軟化奶油則是將仍是塊狀的奶油，直接放在室溫下使其變軟，即以手指可按壓的程度即可。
2. 將麵糊倒入平底鍋時，記得要以手輕輕搖晃一下平底鍋，使麵糊分佈均勻且控制厚薄，避免餅皮過厚難以捲起。

材料：

低筋麵粉150克、抹茶粉2小匙、無鹽奶油180克、細砂糖280克、鹽2克、全蛋350克

做法：

1. 低筋麵粉過篩。
2. **製作麵糊：**將奶油放於室溫軟化後倒入容器中，加入細砂糖拌勻，然後分數次加入蛋液拌勻，續入低筋麵粉和抹茶粉拌勻成麵糰，靜置約20分鐘。
3. 平底鍋燒熱，倒入少許奶油後熄火，慢慢倒入麵糊，以手輕輕搖晃一下平底鍋，使麵糊分佈均勻且控制厚薄，開小火，蓋上蓋子煎烤約1分鐘，然後翻面再煎烤約1分鐘，以鍋鏟將已呈半熟的餅皮慢慢往自己方向捲起成棒狀即成。

*以手指可按壓的程度

材料：

低筋麵粉**150**克、全脂奶粉**30**克、泡打粉**3**克、小蘇打粉**1**克、細砂糖**130**克、蜂蜜**1**大匙、無鹽奶油**15**克、雞蛋**1**個、水**100c.c.**、紅豆餡適量、香草粉少許

＊蛋液打發成這樣

做法：

1. 低筋麵粉、泡打粉、香草粉和小蘇打粉過篩後放入容器中，加入奶粉拌勻。

2. **製作麵糊：**將蛋液、細砂糖倒入另一容器中，先拌勻再打發到濃稠狀，加入水、過篩好的粉類和融化奶油拌勻，靜置約**40**分鐘。

3. 平底鍋燒熱，抹上少許油，慢慢倒入麵糊，使成一直徑約**8～10**公分的圓片，煎至麵糊起小泡泡且定型，然後翻面煎至熟，再將煎好的餅皮取出。

4. **製作紅豆餡：**將**100**克紅豆洗淨後放入鍋中泡水約**1**小時，然後加入適量水（蓋過紅豆）、**50**克糖以小火煮約**1**小時，期間若水變少可再加入適量水，待紅豆煮至軟爛且快水收乾時，放入**60**克奶油拌勻，放冷即成。

5. 待餅皮放涼，取兩塊餅皮，中間夾入紅豆餡即成。

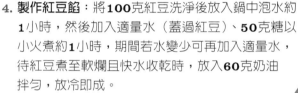

24

難易度
★★

銅鑼燒

{一般麵糊就OK！}

隨時隨地都可以回憶童年的味道！

Tips

1. 這裡的紅豆餡做法和本書中p.89的Tips的做法不同，是屬於西點式的做法，製作時間雖然較長，但味道更香。

2. 這個銅鑼燒的配方中加入了少許的泡打粉，做出來的餅皮會有點膨鬆。若不加，則餅皮會扁扁平平的，外型較不好看，但不影響口味。

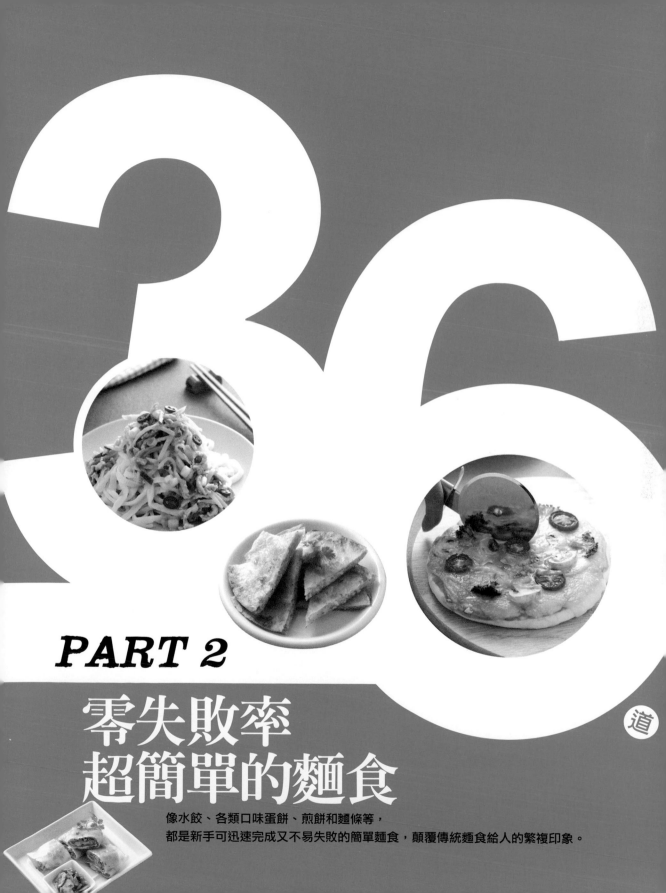

36 道

PART 2

零失敗率
超簡單的麵食

像水餃、各類口味蛋餅、煎餅和麵條等，
都是新手可迅速完成又不易失敗的簡單麵食，顛覆傳統麵食給人的繁複印象。

胡蘿蔔鮪魚水餃

【冷水麵麵糰就OK！】

材料：胡蘿蔔水餃皮**180**克、鮪魚**150**克、玉米粒**50**克、洋蔥**60**克、蔥末**1**大匙、蒜末**2**小匙

調味料：鹽少許、雞粉少許、胡椒粉**1/4**小匙、米酒**1**小匙

做法：

1. **製作胡蘿蔔水餃皮**：參照p.11的**Tips**。
2. **製作餡料**：洋蔥切末。將洋蔥末、蒜末、蔥末和調味料放入容器中，拌至有黏性，續入鮪魚拌勻。
3. 將餡料放入餃子皮，參照p.13的做法包好。
4. 鍋中倒入適量水煮滾，加入少許油，放入水餃煮，待煮滾後倒入一碗水再煮約**2**分鐘即成。

難易度
★

Tips 胡蘿蔔加鮪魚的組合很少見，只有自己製作才吃得到！

素水餃

【冷水麵麵糰就OK！】

材料：水餃皮**200**克、豆皮**50**克、香菇**2**朵、胡蘿蔔**15**克、芹菜**20**克、高麗菜**150**克、薑末**2**小匙、太白粉**1/2**大匙、鹽少許

調味料：鹽**1/2**小匙、香菇粉**1/4**小匙、糖少許、胡椒粉少許、香油**1/3**大匙

做法：

1. 豆皮以滾水燙軟後切碎，香菇以水泡軟後切碎，胡蘿蔔切碎，芹菜切末。高麗菜切細絲，加入少許鹽醃約**5**分鐘，揉出多餘的水分後擠乾。
2. **製作餡料**：將豆皮碎、香菇碎、胡蘿蔔末、芹菜末和調味料拌勻。
3. 水餃皮做法參照**p.12**。將餡料放入餃子皮，參照**p.13**的做法包好。
4. 鍋中倒入適量水煮滾，加入少許油，放入水餃煮，待煮滾後倒入一碗水再煮約**2**分鐘即成。

難易度
★

26

Tips 豆皮和香菇必須先分別以滾水和冷水泡軟才能使用。

玉米水餃

【冷水麵麵糰就OK！】

材料：水餃皮**30**張、絞肉**150**克、玉米粒**100**克、蔥末**1**大匙、蒜末**2**小匙

調味料：鹽**1/4**小匙、雞粉**1/4**小匙、胡椒粉少許

做法：

1. **製作餡料**：將絞肉、蒜末、蔥末和調味料放入容器中，拌至有黏性，續入玉米粒拌勻，移入冰箱冷藏約**15**分鐘。
2. 水餃皮做法參照**p.12**。將餡料放入餃子皮，參照**p.13**的做法包好。
3. 鍋中倒入適量水煮滾，加入少許油，放入水餃煮，待煮滾後倒入一碗水再煮約**2**分鐘即成。

難易度
★

27

豬肉韭菜水餃

〔冷水麵麵糰就OK！〕

材料：水餃皮30張、絞肉200克、韭菜100克、蒜末1大匙

調味料：鹽1/4小匙、雞粉1/4小匙、胡椒粉少許、香油1/2小匙

做法：

1. **製作餡料**：韭菜洗淨瀝乾切末。將絞肉、蒜末和調味料放入容器中，拌至有黏性，續入韭菜拌勻，移入冰箱冷藏約15分鐘。
2. 水餃皮做法參照p.12。將餡料放入餃子皮，參照p.13的做法包好。
3. 鍋中倒入適量水煮滾，加入少許油，放入水餃煮，待煮滾後倒入一碗水再煮約2分鐘即成。

難易度
★

28

Tips　對初學者來說，可先將調好的餡料放入冰箱中稍微冰硬，這樣操作起來比較方便。

蒸餃

〔燙麵麵糰就OK！〕

難易度
★

材料：燙麵麵糰220克、絞肉250克、薑末1小匙、蔥末1大匙

調味料：鹽1/4小匙、雞粉少許、胡椒粉少許、香油1/2小匙

做法：

1. **製作蒸餃皮**：參照p.10做好燙麵麵糰。桌上撒些許手粉，放上燙麵麵糰，先搓成長條狀，然後分割成約20小塊，壓扁擀成圓麵皮。
2. **製作餡料**：將絞肉、薑末、蔥末和調味料放入容器中，拌至有黏性，移入冰箱冷藏約15分鐘。
3. **製作蒸餃**：將餡料放入圓麵皮，參照p.13的做法包好。
4. 取一盤子，抹上油，放上蒸餃，放入蒸鍋中蒸8～10分鐘即成。

Tips
做法4.中盤子裡先抹少許油，可防止蒸餃沾黏盤子，使餃子皮破掉。

29

鍋貼

〔燙麵麵糰就OK！〕

難易度
★

材料：燙麵麵糰300克、絞肉200克、高麗菜150克、薑末2小匙、蔥末1大匙

調味料：鹽1/4小匙、糖1/4小匙、胡椒粉少許、米酒少許

做法：

1. **製作鍋貼皮**：參照p.10做好燙麵麵糰。桌上撒些許手粉，放上燙麵麵糰，先搓成長條狀，然後分割成約20小塊，壓扁擀成圓麵皮。
2. 高麗菜洗淨切細絲，加入少許鹽醃約5分鐘，揉出多餘的水分後擠乾。
3. **製作餡料**：將絞肉、薑末、蔥末和調味料放入容器中，拌至有黏性，續入高麗菜絲拌勻，移入冰箱冷藏約15分鐘。
4. **製作鍋貼**：將餡料放入圓麵皮，參照p.14鍋貼的做法包好。
5. 平底鍋燒熱，倒入適量油，排入鍋貼，倒入150c.c.的水，可分兩次煎到底部有焦色且熟即成。

Tips
做法5.要以中小火熱鍋，之後同樣以中小火煎鍋貼，可避免鍋貼焦底，或者皮熟內餡仍未熟。

30

37 茴香魩仔魚煎餅

〔一般麵糊就OK！〕

難易度 ★

材料：中筋麵粉**120**克、新鮮茴香**100**克、魩仔魚**50**克、雞蛋**1**個、蒜末**1**小匙、薑末**1**小匙

調味料：鹽**1/4**小匙、糖少許、米酒**1/2**小匙、胡椒粉少許、香油**1**小匙

做法：

1. 茴香洗淨瀝乾切小段。
2. 製作麵糊：將麵粉、雞蛋和水、茴香、魩仔魚和蒜末、薑末、調味料倒入容器中拌勻，靜置約**15**分鐘。
3. 平底鍋燒熱，倒入**1**大匙油，放入爆香，慢慢倒入麵糊，先以小火煎至麵糊定型，再翻面煎至上色，取出切片盛盤即成。

Tips
新鮮茴香可在傳統市場中買到。

38 烤鴨夾餅

〔燙麵麵糰就OK！〕

難易度 ★★

材料：荷葉餅皮**2**張（燙麵麵糰**250**克）、烤鴨肉**200**克、青蒜適量

調味料：市售烤鴨醬適量

做法：

1. 荷葉餅皮做法參照**p.17**，青蒜切片，烤鴨去骨切片。
2. 平底鍋燒熱，放入荷葉餅皮，以小火煎至餅皮鼓起，再翻面同樣煎至餅皮鼓起，煎熱不需上色，趁熱取出剝開成**2**片。
3. 取出餅皮，刷上烤鴨醬，放入青蒜片、鴨肉片，以兩片餅皮夾起即成。

Tips
除了搭配青蒜片，還可搭配蔥段。而這裡的烤鴨醬，是指購買烤鴨時附的醬料。

39 蔥油餅

〔燙麵麵糰就OK！〕

難易度 ★

材料：中筋麵粉**250**克、滾水**90c.c.**、冷水**30c.c.**、蔥末**2**大匙、豬油適量

調味料：鹽**1/2**小匙

做法：

1. 將中筋麵粉過篩到容器中，先倒入滾水攪拌，再分次慢慢倒入冷水揉成光滑麵糰，蓋上保鮮膜，醒約**20**分鐘。
2. 將醒好的麵糰分割成**3**塊，擀成圓片，抹上些許豬油，撒上鹽、蔥末，將麵糰先捲成長條狀，再盤繞成螺旋狀，蓋上保鮮膜再醒約**20**分鐘。
3. 將螺旋狀麵糰壓扁擀成圓片狀。
4. 平底鍋燒熱，倒入**1**大匙油，放入蔥油餅煎熟且兩面皆上色即成。

Tips 蔥油餅抹上豬油，味道更香。

南瓜奶油煎餅

〔一般麵糊就OK！〕

難易度
★

材料：南瓜200克、中筋麵粉100克、蛋液30克、蒜末1小匙、青蒜15克、奶油適量、高湯50c.c.、水50c.c.

調味料：鹽1/4小匙、胡椒粉少許、雞粉少許

做法：
1. 南瓜去皮切絲，青蒜切絲，高湯做法參照p.17。
2. 鍋燒熱，倒入少許奶油融化，放入蒜末爆香，加入南瓜絲炒香，倒入高湯炒約1分鐘。
3. 將中筋麵粉、蛋和水拌勻成麵糊，靜置約15分鐘。
4. 將南瓜絲放入麵糊中，加入青蒜絲、調味料拌勻成南瓜麵糊。
5. 平底鍋燒熱，倒入少許油，慢慢倒入南瓜麵糊，先以小火煎至麵糊定型，再翻面煎至上色，取出切片盛盤即成。

40

Tips 奶油可使用無鹽奶油，在超市就買得到。

41

Tips 蚵仔放入滾水中汆燙的速度要夠快，汆燙時間過久，蚵仔肉質不鮮美，口感較不佳。

蚵仔煎餅

〔一般麵糊就OK！〕

難易度
★

材料：蚵仔100克、韭菜60克、蒜末1小匙、雞蛋1個、中筋麵粉100克、水100c.c.

調味料：鹽1/4小匙、胡椒粉少許、米酒1/4小匙

做法：
1. 蚵仔洗淨後放入滾水中稍微汆燙，立刻撈出瀝乾。韭菜洗淨瀝乾切小粒。
2. **製作煎餅料**：將麵粉、雞蛋和水倒入容器中拌勻，靜置約10分鐘。然後將韭菜放入麵糊中，加入蒜末、調味料拌勻，再放入蚵仔拌勻。
3. 平底鍋燒熱，倒入少許油，慢慢倒入麵糊，先以小火煎至麵糊定型，再翻面煎至上色，取出切片盛盤即成。

材料：地瓜低筋麵粉50克、蛋黃1個、無鹽奶油10克

調味料：糖30克、鹽少許

做法：
1. 地瓜去皮洗淨切片，放入蒸鍋蒸約20分鐘至熟，取出壓成泥狀，加入調味料拌勻。
2. 在做法1中加入麵粉攪拌揉揉成糰狀，並整型成圓片。
3. 平底鍋燒熱，倒入少許油，放入地瓜餅煎熟且微焦即成。

地瓜煎餅

〔一般麵粉糰就OK！〕

難易度
★

42

Tips 可用金山紅地瓜製作。

蛋餅皮蝦餅

〔燙麵麵糰就OK！〕

材料：蛋餅皮2張、蝦仁200克、魚漿50克、馬蹄3個、蒜末1小匙、薑末1小匙、香菜末1小匙、芹菜末1小匙、蔥末2小匙、太白粉適量

調味料：鹽少許、雞粉少許、米酒1/2小匙、胡椒粉少許、太白粉1小匙

做法：

1. 蝦仁洗淨瀝乾，拍扁剁碎。馬蹄拍扁剁碎。蛋餅皮做法參照p.15。
2. **製作餡料**：將全部除了太白粉的材料和調味料放入容器中，拌勻至有黏性。
3. **製作蝦餅**：取一張蛋餅皮，在上面抹些太白粉，放入餡料。取另一張蛋餅皮，抹上少許太白粉，蓋在放餡料的那一片上，將餅皮拍平後以竹籤刺小洞。
4. 平底鍋燒熱，倒入100c.c.的油，放入蝦餅，以中火煎至上色且熟，取出切片即成。

難易度 ★

43

Tips
這道菜中加入了馬蹄碎，可增加咀嚼時的口感。

全麥蛋餅

〔燙麵麵糰就OK！〕

難易度 ★

材料：全麥蛋餅皮2張、雞蛋2個、蔥花20克

全麥蛋餅皮：中筋麵粉130克、全麥麵粉120克、滾水130c.c.、冷水55c.c.、沙拉油1大匙、鹽1小匙

調味料：鹽少許

做法：

1. **製作全麥餅皮**：先參照p.10做好全麥燙麵麵糰，再參照p.15做好蛋餅皮，特別處在於加入全麥麵粉而已。
2. 將1個雞蛋打入碗中，加入蔥花、少許鹽拌勻成蛋液。
3. 平底鍋燒熱，倒入1/2大匙油，續入蛋液，蓋上蛋餅皮，先以小火煎熟後翻面，再煎至蛋餅皮上色，取出切塊即成。

Tips 煎蛋餅的過程可參照p.16。

44

蜂蜜鬆餅

〔一般麵糊就OK！〕

難易度 ★

材料：低筋麵粉90克、泡打粉3克、玉米粉20克、雞蛋1個、細砂糖25克、蜂蜜15克、牛奶60c.c.、無鹽奶油適量

做法：

1. 低筋麵粉、泡打粉和玉米粉過篩。
2. **製作鬆餅糊**：將雞蛋打勻倒入容器中，分數次加入細砂糖拌勻，再加入蜂蜜、牛奶拌勻，然後加入麵粉、泡打粉和玉米粉拌勻，最後加入奶油拌勻，靜置約25分鐘。
3. 平底鍋燒熱，抹上少許油，慢慢倒入鬆餅糊，使成一小圓形，先以小火煎至麵糊表面出現小氣泡，再翻面煎至上色，取出盛盤。
4. 食用時，可搭配蜂蜜或奶油。

45

Tips
鬆餅要以小火來煎較容易成功。

豆沙小籠包

【冷水麵麵糰就OK！】

難易度
★★

材料：冷水麵麵糰80克、紅豆餡200克

調味料：鹽1/4小匙、雞粉少許、胡椒粉少許

做法：

1. **製作湯包皮：**參照**p.10**做好燙麵麵糰。桌上撒些許手粉，放上燙麵麵糰，先搓成長條狀，然後分割成約**10**小塊，壓扁擀成邊緣較薄的圓麵皮。
2. 紅豆餡做法參照**p.89**的Tips。
3. 將紅豆餡放入圓麵皮，參照**p.14**的做法包好豆沙小籠包，然後將其排在蒸盤內，待蒸鍋內的水滾，放入蒸鍋蒸約**6**分鐘即成。

46

Tips
1. 小蛋糕的紙模可在一般烘焙行買到。
2. 入烤箱烤前，烤箱必須要先預熱約**10**分鐘，而且一預熱完畢就要馬上進烤箱烤，不然預熱好的烤箱冷卻了，將無法達到效果。

烤小蛋糕

【一般麵糊就OK！】

材料：低筋麵粉250克、泡打粉2克、香草粉2克、奶油200克、糖粉120克、雞蛋4個、牛奶200c.c.

做法：

1. 低筋麵粉、泡打粉和香草粉過篩。
2. **製作麵糊：**將軟化後的奶油倒入容器中，加入糖粉拌勻，然後分**2～3**次加入蛋液拌勻，續入低筋麵粉、泡打粉和香草粉、牛奶拌勻。
3. 將麵糊倒入蛋糕紙模中，放入已預熱好的烤箱，以**200℃**烤約**20～25**分鐘即成。

難易度
★

47

材料：低筋麵粉200克、泡打粉4克、雞蛋6個、細砂糖100克、牛奶100c.c.、絞肉100克、紅蔥末2大匙

調味料：鹽少許、細砂糖少許、醬油1小匙、胡椒粉少許

做法：

1. **製作肉燥：**鍋燒熱，倒入**1**大匙油，放入紅蔥末爆香，續入絞肉炒至肉變白色，加入調味料稍微炒。
2. 低筋麵粉和泡打粉過篩。
3. **製作麵糊：**將雞蛋放入容器中打勻，分**3～4**次加入細砂糖打發，續入低筋麵粉、泡打粉拌勻，再加入牛奶拌勻。
4. 取一深底容器，鋪上玻璃紙，倒入麵糊，撒上適量的肉燥，放入蒸籠裡蒸約**30**分鐘即成。

蒸鹹蛋糕

【一般麵糊就OK！】

難易度
★

48

Tips 1. 蒸蛋糕時，必須等蒸籠或蒸鍋內的水滾才能放進去蒸，才能清楚計算蒸的時間。
2. 喜歡吃鹹口味的人，可試著先將麵糊倒入一半量，待蒸至半凝固，放入肉燥料，再倒入剩餘的麵糊，然後再放一次肉燥料去蒸，這樣不僅可避免一次放肉燥料會全部沉在底部，同時還可吃到更多料。

難易度 ★★ 牛肉捲餅 **49**

{燙麵麵糰就OK！}

材料：

燙麵麵糰300克、牛腱1個、八角2個、月桂葉3片、花椒2克、桂皮5克、甘草2克、水1,200c.c.、蔥段適量

調味料：

(1) 醬油150c.c.、冰糖2小匙、鹽2克、辣豆瓣醬2小匙、米酒50c.c.

(2) 甜麵醬適量

做法：

1. 牛腱洗淨，放入滾水中煮約5分鐘，撈出瀝乾。

2. 取一鍋，放入牛腱，續入調味料、八角、月桂葉、花椒、桂皮、甘草和水煮滾，蓋上蓋子，以小火滷約1小時，再燜約30分鐘。食用時再取出切片。

3. **製作餅皮：**參照p.10做好燙麵麵糰，加入2小匙沙拉油，揉至光滑，醒約20鐘，分割成約3小塊，擀成圓皮後抹上少許沙拉油，捲起繞成螺旋狀，置於一旁再醒約20分鐘，然後擀平。

4. 平底鍋燒熱，抹上少許油，放入餅皮，以小火烙（邊煎邊以筷子攪動皮）至兩面熟且上色。

5. 取出麵皮，抹上甜麵醬，排入牛腱片、蔥段後捲起即成。

難易度 ★★ 蝦仁沙拉卷 **50**

{燙麵麵糰就OK！}

材料：

全麥蛋餅皮3張、鮮蝦6尾、美生菜50克、小黃瓜1條、胡蘿蔔25克、苜蓿芽30克、小豆苗30克、蘋果40克、葡萄乾適量

調味料：

沙拉醬適量

做法：

1. 鮮蝦挑去腸泥，放入滾水中燙熟，取出泡冰水，待涼後剝除外殼。美生菜切片，小黃瓜切條，胡蘿蔔和蘋果切絲。

2. 全麥蛋餅皮做法、材料參照p.60。

3. 取全麥蛋餅皮，依序放入美生菜片、小黃瓜條、胡蘿蔔絲、蘋果絲、小豆苗、苜蓿芽、葡萄乾和蝦仁，擠入沙拉醬，先將餅皮往左右內折，再整個捲起成條即成。

培根蛋餅 51

{燙麵麵糰就OK！}

材料：
蛋餅皮2張（燙麵麵糰250克）、雞蛋2個、培根肉2片、洋蔥少許、蔥花2小匙

調味料：
鹽少許

做法：

1. **製作蛋餅皮：** 參照**p.15**做好蛋餅皮。

2. 培根肉對切，洋蔥切絲。將**1**個雞蛋打入碗中，加入蔥花、少許鹽拌勻成蛋液。

3. 平底鍋燒熱，倒入少許油，放入培根肉煎香後取出。趁鍋還有熱度，倒入蛋液、洋蔥絲和培根肉，蓋上蛋餅皮，先以小火煎熟後翻面，再煎至蛋餅皮微焦後捲起，取出切塊即成。

Tips

蛋液中先不要加太多鹽調味，以免食時沾醬料食用時會過鹹。

蔬菜煎餅 52

{一般麵糊就OK！}

材料：
中筋麵粉120克、雞蛋1個、高湯120c.c.、高麗菜80克、鮮香菇15克、胡蘿蔔15克、青椒20克、黃椒20克、小白菜25克

調味料：
鹽1/4小匙、雞粉少許、胡椒粉少許、香油1小匙

做法：

1. 高湯做法參照**p.17**。高麗菜、鮮香菇、胡蘿蔔、青椒和黃椒切絲。小白菜切段。

2. **製作麵糊：** 將中筋麵粉、雞蛋和高湯拌勻成麵糊，靜置約**15**分鐘。

3. 將所有蔬菜料、調味料加入麵糊中拌勻。

4. 平底鍋燒熱，倒入少許油，慢慢倒入蔬菜麵糊，先以小火煎至麵糊定型，再翻面煎至上色，取出切片盛盤即成。

Tips

可依個人口味更換蔬菜種類。

難易度 ★ 起司蕃茄煎餅 **53**

{一般麵糊就OK！}

材料：

低筋麵粉100克、太白粉10克、水120c.c.、牛蕃茄
1個、起司片3片、蒜末1小匙

調味料：

鹽1/4小匙、糖1小匙、胡椒粉少許

做法：

1. **製作麵糊**：將低筋麵粉、太白粉和水拌勻成麵
   糊，靜置約15分鐘。
2. 牛蕃茄切片，起司切條狀。
3. 將蕃茄片、起司條和蒜末放入麵糊中拌勻。
4. 平底鍋燒熱，倒入少許油，慢慢倒入麵糊，
   先以小火煎至麵糊定型，再翻面煎至上色，
   取出切片盛盤即成。

Tips

切片的牛蕃茄較不
會出水，而且吃起
來較一般小蕃茄香
甜，適合煎或做生
菜沙拉。

難易度 ★★ 蔬菜披薩 **54**

{燙麵麵糰就OK！}

材料：

高筋麵粉160克、低筋麵粉40克、泡打粉3克、水100c.c.、鹽
2克、糖6克、沙拉油少許

餡料：

青花椰菜60克、洋菇40克、洋蔥20克、小蕃茄2個、起司絲
100克

調味料：

蕃茄醬2大匙

做法：

1. 青花椰菜切成小朵，小蕃茄切片，洋菇切小片，洋蔥切絲。
2. 將青花椰菜、洋菇片放入滾水中稍微汆燙，撈起瀝乾。
3. **製作披薩餅**：高筋麵粉、低筋麵粉和泡打粉過篩後倒入盆中，加
   入鹽、糖和水拌勻成糰，揉至光滑。將麵糰放入容器中，蓋上保
   鮮膜醒約30分鐘。取出醒好的麵糰分割成2塊，再擀成圓餅皮。
4. 取一圓烤盤，抹上少許沙拉油，放入餅皮且壓好邊緣，以叉子在餅皮上
   刺一些小洞，放入已預熱好的烤箱，以210℃烤約10分鐘。
5. 取出烤好的餅皮，刷上蕃茄醬，撒上起司絲，排入青花椰菜、蕃茄片、
   洋菇片和洋蔥絲，再撒上起司絲，再次放入已預熱好的烤箱，以210℃
   烤約15分鐘即成。

Tips

這裡用的起司
絲，是可在超市
裡購買的披薩起
司絲。

55 難易度 ★ 水果捲餅
{一般麵糊就OK！}

材料：
中筋麵粉**100**克、鮮奶油**15**克、雞蛋**1**個、水**80c.c.**、糖少許、奇異果**1**個、牛蕃茄**1**個、蘋果**1/2**個、鳳梨**50**克

調味料：
蜂蜜**1**大匙

做法：

1. 中筋麵粉過篩，雞蛋打勻，奇異果和蘋果去皮切丁，牛蕃茄取籽切丁，鳳梨切丁。
2. **製作麵糊：**將中筋麵粉、鮮奶油、蛋液、糖和水倒入容器中拌勻，靜置約**15**分鐘。
3. 平底鍋燒熱，倒入少許油，續入麵糊煎至定型，再翻面煎至熟後取出。
4. 將所有水果丁將入蜂蜜拌勻。
5. 將餅皮攤平，放入水果丁，將餅皮左右往內折起，然後捲起來即成。

Tips

煎麵糊時，需邊煎邊搖晃平底鍋，才能使餅皮厚薄均一，並且充分熟透。

難易度 ★ 蔥花煎餅 56
{一般麵糊就OK！}

材料：
中筋麵粉**120**克、雞蛋**1**個、水**120c.c.**、蔥末**3**大匙

調味料：
鹽**1/4**小匙、胡椒粉少許、香油少許

做法：

1. **製作煎餅麵糊：**將中筋麵粉放入容器中，加入調味料、雞蛋和水拌勻，容器上蓋保鮮膜，置於一旁醒約**15**分鐘，然後放入蔥花拌勻。
2. 平底鍋燒熱，倒入少許油，慢慢倒入麵糊，先以小火煎至麵糊定型，再翻面煎至上色，取出切片盛盤即成。

Tips

這是一道口味非常傳統的煎餅，製作的重點在於先以小火將麵糊煎至定型，注意火絕不能太大，否則麵糊會焦底而且變硬。

57 蛋餅

難易度 ★

{一般麵糊就OK！}

材料：
中筋麵粉160克、太白粉15克、雞蛋2個、水250c.c.、鹽少許、蔥末2小匙

調味料：
鹽少許

做法：

1. 將中筋麵粉、太白粉、1個雞蛋、鹽和250c.c.的水拌勻成麵糊，靜置約15分鐘。
2. **製作蛋餅皮：**平底鍋燒熱，倒入少許油，慢慢倒入麵糊，先以小火烙至麵糊定型，再翻面煎至上色，約可做4張蛋餅皮。
3. 將另1個雞蛋和蔥末打入碗中，加入少許鹽拌勻。
4. 平底鍋燒熱，倒入少許油，倒入蛋液，再放上蛋餅皮煎熟，再翻面煎至上色，取出切塊盛盤即成。

Tips
這裡的蛋餅皮不同於p.15較傳統以燙麵麵糰的做法，算是簡易型的麵糊蛋餅皮做法，更適合烹飪新手，吃起來都一樣好吃。

58 難易度 ★ 玉米煎餅

{一般麵糊就OK！}

材料：中筋麵粉120克、雞蛋1/2個、水100c.c.、玉米粒100克、蔥末2小匙、奶油10克

調味料：鹽1/4小匙、雞粉少許、胡椒粉少許

做法：

1. 將中筋麵粉、蛋和水拌勻成麵糊，靜置約15分鐘。
2. 加入玉米粒、蔥末和奶油、調味料拌勻成麵糊。
3. 平底鍋燒熱，倒入少許油，慢慢倒入麵糊，先以小火煎至麵糊定型，再翻面煎至上色，取出切片盛盤即成。

難易度 ★ 麻醬麵 59
{冷水麵麵糰就OK！}

材料：
麵條200克、小白菜60克、蔥花適量、辣椒適量

調味料：
芝麻醬2大匙、蠔油1小匙、醬油1小匙、鹽少許、糖1小匙、花生粉少許、香油1/3大匙、開水2大匙

做法：

1. **製作麵條：**參照p.11的做法做好冷水麵糰。桌上撒些許乾麵粉，放上麵糰先壓扁再擀平再撒些許乾麵粉，然後切成條狀（麵條詳細做法參照p.11）。
2. 麵條放入鍋中煮熟，撈出放入大碗中（煮麵方法參照p.11），續入小白菜煮滾，撈起放在麵條上。
3. **製作麻醬：**將調味料倒入碗中拌勻。
4. 將麻醬淋在麵條上，撒些許蔥花、辣椒圈即成。

Tips

學會製作這道麻醬，還可以拿來涼拌肉片、雞肉絲等，是夏天的最佳開胃菜。

難易度 ★ 麻辣貓耳朵 60
{冷水麵麵糰就OK！}

材料：
冷水麵糰150克、蔥花10克、花椒粒10克、辣椒適量

調味料：
醬油1大匙、蠔油1小匙、糖1小匙、辣油1大匙、花椒粉少許、白醋1小匙、開水1大匙

做法：

1. **製作貓耳朵：**參照p.10的做法做好冷水麵糰。桌上撒些許乾麵粉，放上麵糰先分割成每個約4克的小塊，以大拇指按壓小麵糰往前推，使其形似貓耳朵（貓耳朵詳細做法參照p.15）。
2. 將貓耳朵放入鍋中煮熟，撈出放入大碗中（煮麵方法參照p.11）。
3. **製作麻辣醬：**鍋燒熱，倒入1大匙油，放入花椒粒以小火炒香，取出花椒粒，然後放入調味料拌勻。
4. 將麻辣醬淋在貓耳朵上，撒些蔥花、辣椒圈即成。

Tips

一般貓耳朵都是拿來煮湯，其實拿來拌麻辣醬另有一番好滋味。

61

難易度 ★

榨菜肉絲乾麵

{冷水麵麵糰就OK！}

材料：

麵條150克、瘦肉100克、榨菜60克、蒜末1小匙、辣椒末1小匙、蔥花適量

調味料：

鹽1/4小匙、雞粉1/2小匙、糖少許、米酒1小匙、高湯50c.c.

做法：

1. **製作麵條：** 參照p.11的做法做好麵條。
2. 肉絲、榨菜洗淨切絲，高湯做法參照p.17。
3. **製作榨菜肉絲料：** 鍋燒熱，倒入1大匙油，放入蒜末、辣椒末爆香，續入肉絲炒至肉變白色，加入榨菜續炒一下，倒入調味料拌勻。
4. 將麵條放入鍋中煮熟，撈出放入大碗中，加入煮好的榨菜肉絲料，放入蔥花、辣椒圈即成。

Tips

榨菜肉絲麵的新吃法，當作乾麵吃，加入辣椒更對味。

難易度 ★

肉燥乾麵

{冷水麵麵糰就OK！}

62

材料：

麵條200克、豆芽菜50克、韭菜20克、絞肉200克、紅蔥末1大匙、蒜末1小匙、水500c.c.

調味料：

醬油3大匙、醬油膏1大匙、冰糖1小匙、鹽少許、米酒2大匙、五香粉少許、胡椒粉少許

做法：

1. **製作麵條：** 參照p.11的做法做好麵條。
2. **製作肉燥醬料：** 鍋燒熱，倒入2大匙油，放入紅蔥末、蒜末爆香至微乾，續入絞肉炒散且肉變成白色，加入調味料炒香上色，取出放入砂鍋中。
3. 倒入500c.c.的水在做法2.的砂鍋中，以小火煮約40分鐘，續燜約5分鐘。
4. 將麵條放入鍋中煮熟，撈出放入大碗中，放入汆燙過的豆芽菜、韭菜，最後淋上肉燥醬料即成。

Tips

完成的肉燥醬料還可以澆在白飯上，就是美味的肉燥飯了。

63 大滷麵

{冷水麵麵糰就OK！}

難易度
★

材料：
麵條200克、肉絲80克、香菇2朵、胡蘿蔔25克、木耳25克、竹筍30克、金針菇25克、蒜末1小匙、蛋汁30c.c.、太白粉水少許、香菜少許、高湯1,000c.c.

調味料：
鹽1小匙、雞粉1小匙、糖1/2小匙、醬油1大匙、胡椒粉少許、香油1小匙

做法：
1. 香菇以水泡軟後切絲，胡蘿蔔、木耳和竹筍都切絲，金針菇去蒂頭後切段，高湯做法參照p.17。
2. 將肉絲放入碗中，加入調味料醃約10分鐘。
3. **製作大滷湯：**鍋燒熱，倒入少許油，放入蒜末爆香，續入香菇絲、胡蘿蔔絲炒香，倒入高湯煮滾，再放入木耳絲、竹筍絲、金針菇和肉絲煮勻，再加入蛋汁、太白粉水勾芡。
4. **製作麵條：**參照p.10的做法做好冷水麵糰。桌面上撒些許乾麵粉，放上麵糰先壓扁再擀平，再撒些許乾麵粉，然後切成條狀（麵條詳細做法參照p.11）。
5. 麵條放入鍋中煮熟，撈出放入大碗中（煮麵方法參照p.11），倒入大滷湯，淋上少許香油即成。

Tips

大滷湯可以事先做好，想吃時再熱湯煮麵相當方便。可依個人喜好更換食材。

家常麵

{冷水麵麵糰就OK！}

難易度
★

64

材料：
麵條200克、肉片80克、蔥段15克、洋蔥20克、辣椒10克、木耳15克、高麗菜80克、高湯1,200c.c.

調味料：
鹽1小匙、雞粉1/2小匙、胡椒粉少許

做法：
1. **製作麵條：**參照p.10的做法做好冷水麵糰。桌上撒些許乾麵粉，放上麵糰先壓扁再擀平，再撒些許乾麵粉，然後切成條狀（麵條詳細做法參照p.11）。
2. 麵條放入鍋中煮熟，撈出放入大碗中（煮麵方法參照p.11）。
3. 洋蔥切粗絲，辣椒切片，木耳和高麗菜都切片狀，高湯做法參照p.17。
4. 鍋燒熱，倒入1大匙油，放入蔥段、洋蔥絲爆香，續入肉片炒至肉變白色，再放入木耳片和高麗菜片、辣椒片煮至微軟。倒入高湯煮滾，加入調味料、麵條煮滾即成。

Tips

家常麵的材料同樣可依個人變化，沒有固定的材料。

餛飩麵 65
{冷水麵麵糰就OK！}

材料：
麵條200克、市售餛飩70克、芹菜末2小匙、油蔥
酥適量、高湯500c.c.、小白菜適量

調味料：
鹽1/4小匙、雞粉1/4小匙、胡椒粉少許、香油少許

做法：
1. 參照p.11麵條的做法做好麵條。
2. 參照p.11將麵放入鍋中煮熟，撈起放入大碗中。
3. 取一鍋滾水，放入餛飩煮熟，撈出放入麵條中。
4. 高湯做法參照p.17。鍋中倒入高湯煮滾，加入調
   味料拌勻後倒入麵條碗中，加入小白菜、芹菜
   末、油蔥酥即成。

66 蕃茄麵

{冷水麵麵糰就OK！}

材料：
麵條300克、熟肉片80克、蕃茄150克、蔥段15克、
洋蔥15克、青花椰菜60克、高湯800c.c.

調味料：
鹽1/2小匙、雞粉1/4小匙、冰糖少許

做法：
1. **製作麵條：**參照p.11的做法做好麵條。
2. 麵條放入鍋中煮熟，撈出放入大碗中，再放入青花椰
   菜煮熟撈出。蕃茄切片，洋蔥切絲，高湯做法參照
   p.17。
3. 鍋燒熱，倒入1大匙油，放入蔥段、洋蔥絲爆香，續
   入**100**克的蕃茄片和高湯，先以大火煮滾，再改小火
   煮約**15**分鐘。
4. 加入調味料、另**50**克蕃茄片再煮滾，盛入麵條中，
   再放入青花椰菜、熟肉片即成。

Tips

蕃茄分兩次煮，
可使湯更入味，
也可使湯的顏色
更漂亮。

胡蘿蔔木須麵 67

{冷水麵麵糰就OK！}

材料：
胡蘿蔔麵300克、肉絲80克、木耳絲30克、薑末1小匙、蒜末1小匙、蔥花2小匙、青江菜適量、高湯700c.c.

調味料：
鹽1/2小匙、雞粉1/4小匙、胡椒粉少許、香油少許

做法：

1. **製作胡蘿蔔麵：** 參照p.11的Tips的做法，做好胡蘿蔔麵。

2. 將胡蘿蔔麵放入鍋中煮熟，撈起放入大碗中（煮麵方法參照p.11）。

3. 鍋燒熱，倒入1大匙油，放入薑末、蒜末爆香，續入肉絲爆炒至肉變色，加入木耳絲略炒。

4. 倒入高湯煮滾，加入調味料，放入青江菜再煮滾，全部盛入麵碗中，撒上蔥花即成。

麵疙瘩 68

{冷水麵糰就OK！
經典北方麵食吃吃看

材料：
冷水麵麵糰200克、肉片80克、香菇2朵、蔥段10克、蝦仁50克、花枝片50克、茼蒿50克、香菜少許、高湯800c.c.

調味料：
鹽1/2小匙、糖少許、柴魚粉1/2小匙

做法：

1. **製作麵疙瘩：** 參照p.15做好冷水麵麵糰。將冷水麵麵糰揉成長條狀，分成每個約10克的小塊，捏平後撒上些許乾麵粉，即成麵疙瘩。

2. 備一鍋滾水，放入麵疙瘩煮，待煮滾後倒入一碗冷水再煮滾，以小火煮約2分鐘後撈出瀝乾水分，加入少許油拌勻。

3. 香菇以水泡軟切片，蝦仁和茼蒿洗淨，高湯做法參照p.17。

4. 鍋燒熱，倒入1大匙油，放入蔥段爆香，香菇炒香，續入肉片炒至變白，再倒入高湯煮滾，放入麵疙瘩、放入茼蒿、調味料再煮滾即成。

Tips

麵疙瘩可炒可煮湯，當主食或點心都很美味。

黑糖糕
{一般麵糊就OK！}

Tips

1. 將麵糊倒入模型中時，不要將麵糊倒太滿，約八分滿，否則蒸煮過程中麵糊會溢出來。
2. 黑糖糕趁熱不好切，要等冷卻後才方便刀切。
3. 黑糖精在烘焙店買得到。

材料：
低筋麵粉**200**克、泡打粉**3**克、小蘇打粉**1**克、布丁粉**20**克、黑糖**80**克、水**100c.c.**、黑糖精少許、白芝麻適量、沙拉油適量

做法：

1. 低筋麵粉、泡打粉和小蘇打粉過篩。
2. 將黑糖和**100**克的水倒入容器中煮滾，再以小火煮至黑糖融化，放涼。
3. **製作麵糊：**將黑糖水、黑糖精倒入容器中，加入低筋麵粉、泡打粉和小蘇打粉拌勻，續入沙拉油拌勻。
4. 在模型中鋪上紙，倒入麵糊，放入蒸鍋，以中火蒸約**40**分鐘。撒上白芝麻，待涼後切小塊即成。

材料：
低筋麵粉150克、細砂糖10克、蛋黃90克、蛋白145克、可可粉1小匙、細砂糖100克、夾心餡適量

做法：
1. 低筋麵粉、可可粉過篩。
2. 將20克細砂糖、蛋黃攪拌均勻至濃稠狀。
3. **製作麵糊**：將蛋白倒入容器中打勻，100克細砂糖分3次加入，打至蛋白顏色變白。加入做法2.拌勻，續入低筋麵粉、可可粉拌勻。
4. 將平口擠花嘴和擠花袋組合起來，將麵糊倒入擠花袋中。
5. 烤盤鋪上烘焙紙，擠上適量大小的圓形麵糊。放入已預熱好的烤箱，以上火200℃、下火160℃烤約10分鐘。
6. **製作夾心餡**：將110克的糖粉、80克的奶油和80克的白油拌勻或打發即成。
7. 取出放涼的小餅乾，每2個小餅乾中間抹上夾心餡黏起即成。

＊烤盤鋪上烘焙紙，擠上適量大小的圓形麵糊。

Tips

1. 擠花嘴有多種形狀，這裡使用的是平口的，常見鋸齒狀的擠花嘴則多用來做蛋糕花邊的裝飾。擠花嘴和擠花袋可在烘焙店買到。
2. 做法5.中餅乾烘焙的時間約10分鐘，是指將餅乾送入烤箱前，烤箱的溫度必須已預熱達到一定的溫度，然後放入烘烤的時間以10分鐘計算，所以烘焙任何食物前，烤箱都需事先預熱。

70
夾心小餅乾
{一般麵糊就OK！}

難易度

★★

PART 3

最經典
吃不膩的麵食

包含大家耳熟能詳的陽春麵、滷肉乾拌麵、蔥油拌麵、印度甩、排骨麵、
搾醬等基本口味的花生拌麵、海苔拌乾麵，永遠都吃不膩！

不是只有豬肉湯包，海鮮湯包更清淡美味！

難易度
★★

鮮蝦仁湯包

{燙麵麵糰就OK！}

Tips

1. 製作好的餡料可以移入冰箱冷藏一下，餡料凝固變硬比較容易包。且記得，因餡料中的皮凍遇熱會變濕軟不利包，所以餡料一從冰箱取出要盡快包好。
2. 蒸湯包時，蒸鍋中的水要先煮滾再放入蒸盤。

材料：
燙麵麵糰180克、絞肉200克、蝦仁100克、蔥段15克、薑片15克、水50c.c.

醃料：
鹽少許、米酒少許、太白粉少許

調味料：
鹽1/4小匙、淡醬油1/2小匙、糖1/4小匙、胡椒粉少許、香油1小匙

皮凍：
豬皮300克、雞腳3支、薑2片、蔥白2支、米酒15c.c.、水600c.c.

做法：

1. **製作湯包皮：** 參照**p.10**做好燙麵麵糰。桌上撒些許手粉，放上燙麵麵糰，先搓成長條狀，然後分割成約**20**小塊，壓扁再擀成中間厚、邊緣較薄的圓麵皮。
2. 蝦仁挑去腸泥，加入少許鹽搓揉後洗淨瀝乾。將蝦仁放入醃料中醃約**10**分鐘。
3. 皮凍做法參照**p.23**。
4. **製作餡料：** 倒入蔥段、薑片和**50c.c.**水拌勻，然後擠出蔥薑水。將絞肉放入容器中，續入調味料和蔥薑水，拌至有黏性，加入皮凍拌勻，移入冰箱冷藏約**15**分鐘。
5. 將餡料放入圓麵皮，加入蝦仁，參照**p.14**的做法包好湯包。將湯包排在蒸盤內，待蒸鍋內的水滾，放入蒸鍋蒸約**6**分鐘即成。

材料：
燙麵麵糰130克、絞肉200克、蔥末1大匙、薑末
1小匙、青豆仁適量
調味料：
鹽1/4小匙、雞粉1/4小匙、糖少許、米酒1小匙、
胡椒粉少許、香油少許、淡醬油1/2小匙

做法：
1. **製作燒賣皮：**參照**p.10**做好燙麵麵糰。桌上撒
   些許手粉，放上做好的燙麵麵糰，先搓成長條
   狀，分割成約**15**小塊，壓扁再擀成圓麵皮。
2. **製作餡料：**將絞肉倒入容器中，加入調味
   料、蔥末和薑末，拌勻至有黏性，醃約**15**
   分鐘。
3. 將餡料放入圓麵皮，加入青豆仁，參
   照**p.14**的做法包好燒賣。
4. 將燒賣排在蒸盤內，入蒸鍋蒸約
   6分鐘即成。

參照p.10 ... 參照p.14

Tips
1. 燒賣的餡料也可以使用其他如
   蝦子、牛絞肉等材料來做，可
   依個人口味做變化。而裝飾除
   了青豆仁，也可改成蝦仁、蟹
   黃等。
2. 手粉是指食譜中份量以外的麵
   粉，如果食譜中用的是高筋麵
   粉，那手粉就用高筋麵粉。通
   常在揉麵糰時，雙手、桌上必
   須撒一些麵粉以利於操作。

最適合台灣人口味的燒賣
豬肉燒賣
{燙麵麵糰就OK！}
72

難易度
★★

不吃絕對可惜的傳統味餡餅

難易度
★★

豬肉餡餅
{燙麵麵糰就OK！}

Tips

煎餡餅時，只要煎至
上色或熟即可，不要
煎太久。

材料：
燙麵麵糰120克、絞肉150
克、青蔥50克、薑汁1/2小匙
高湯20c.c.
調味料：
醬油1/3大匙、香油1小匙、
糖1/4小匙、鹽1/4小匙、胡椒
粉1小匙、雞粉少許

做法：

1. **製作餡料**：青蔥洗淨切成蔥粒。將絞肉放入盆
   中，倒入**20c.c.**的高湯、薑汁和調味料拌勻，攪
   拌至有黏性，放入蔥粒拌勻，移入冰箱冷藏約
   15分鐘。

2. **製作餅皮**：參照**p.10**做好燙麵麵糰。桌上撒些
   許手粉，放上燙麵麵糰，分割成3小塊，壓扁再
   擀成圓皮。

3. **製作餡餅**：參照**p.16**的做法，左手放上圓餅
   皮，放入適量的餡料包好，收口捏緊，封口再
   朝下壓扁。

4. 平底鍋燒熱，倒入**1**大匙油，放入餡餅，收口朝
   下，煎至兩面呈金黃色，再轉小火煎熟即成。

材料：
燙麵麵糰150克、白蘿蔔500克、蝦皮20克、薑末2小匙、蔥末1大匙

調味料：
鹽1小匙、糖1/4小匙、胡椒粉少許

Tips

醃過的蘿蔔絲要擠乾，蝦皮則要從小火慢慢炒才香。

做法：

1. **製作餡料**：白蘿蔔去皮洗淨後刨成細絲，加少許鹽拌勻醃約15分鐘，搓揉出水分，再清洗一下瀝乾。

2. 鍋燒熱，倒入2大匙油，放入薑末爆香，續入蝦皮炒香，加入白蘿蔔絲、調味料拌炒均勻，待微涼後加入蔥末拌勻，即成餡料。

3. **製作餅皮**：參照p.10做好燙麵麵糰。桌上撒些許手粉，放上燙麵麵糰，分割成4小塊，壓扁再擀成圓皮。

4. **製作蘿蔔絲餅**：參照p.16的做法，左手放上圓餅皮，放入適量的餡料包好，收口捏緊，封口再朝下壓扁。

5. 平底鍋燒熱，倒入1大匙油，放入餡餅煎至兩面呈金黃色，再轉小火煎熟即成。

74 蘿蔔絲餅
{燙麵麵糰就OK！}

路邊攤美味第一選擇，買了就走不費時！

難易度
★★

75 雞肉捲餅

{燙麵麵糰就OK！}

口味清淡餡料豐富，女性最愛！

材料：
蛋餅皮2張（燙麵麵糰250克）、雞胸肉150克、洋蔥60克、蒜末2小匙、太白粉水少許、辣椒適量、蔥花適量

調味料：
鹽1/4小匙、雞粉少許、糖少許、醬油1/2小匙、米酒1小匙、胡椒粉少許

做法：
1. 雞胸肉洗淨切小丁，洋蔥切末。
2. **製作餡料：**鍋燒熱，倒入1大匙油，放入蒜末、洋蔥末爆香，續入雞肉炒至肉變白，加入調味料，倒入太白粉水勾芡。
3. 蛋餅皮做法參照**p.15**。平底鍋燒熱，倒入少許油，放入蛋餅皮煎熟後取出。
4. 將蛋餅皮鋪平，放入餡料捲起，再以刀斜切開即成。

Tips

這是利用蛋餅皮製作的捲餅，帶清淡甜味的雞肉加上洋蔥，適合夏天食用，亦可再加沾醬。

76

芝麻烙餅

{燙麵麵糰就OK！}

古早味點心重現江湖，又可重溫美味！

Tips

所謂「烙」，是指鍋中只加入少許油，煎時以小火邊煎邊轉動。像蔥抓餅就是用烙的。

材料：

中筋麵粉200克、高筋麵粉50克、溫水150c.c.、鹽1/4小匙、沙拉油適量、白芝麻適量

＊擀平捲起成螺旋狀

做法：

1. 中筋麵粉和高筋麵粉過篩。

2. **製作餅皮：**將中筋麵粉、高筋麵粉倒入容器中，加入鹽，倒入溫水拌勻，續入沙拉油、白芝麻揉成光滑麵糰，蓋上保鮮膜，醒約30分鐘。

3. 將醒好的麵糰分割成3塊，先壓扁後再擀成大張圓形餅皮，抹上些許油，撒上些許麵粉，將麵糰從左右往內折，抹上些許油，再撒上麵粉，擀平捲成條再盤起成螺旋狀。將餅皮先壓扁，再擀成厚麵餅。

4. 平底鍋燒熱，倒入少許油，放入麵餅，慢慢烙至麵餅的兩面都上色且熟即成。

材料：
燙麵麵糰250克、絞肉100克、豆干50克、蝦皮5克、冬粉1把、蒜末1小匙、韭菜150克、雞蛋2個

調味料：
鹽1/2小匙、糖少許、雞粉1/4小匙、醬油1小匙、胡椒粉少許

Tips

一次可多做一些，一個個裝在塑膠袋中密封好，放入冰箱冷凍保存。欲食用時，取出不需退冰，可直接放入鍋中。以小火慢煎至熟即可。

做法：

1. 豆干切碎，冬粉泡軟切小段，韭菜切粒，雞蛋打散。

2. 鍋燒熱，倒入2大匙油，加入蛋液煎至上色，取出切碎。

3. **製作餡料**：原鍋再加熱，倒入少許油，放入蒜末爆香，續入豆干炒乾，再放入絞肉炒散，倒入調味料炒勻，整鍋料取出加入蛋碎、冬粉和韭菜拌勻。

4. **製作餅皮**：參照**p.10**做好燙麵麵糰。桌上撒些許手粉，放上燙麵麵糰，分割成6小塊，壓扁再擀成圓皮。

5. **製作韭菜盒**：左手放上圓餅皮，放入適量的餡料，將餅皮折成半圓形，邊緣封口捏緊。

6. 平底鍋燒熱，倒入1大匙油，放入韭菜盒煎至兩面呈金黃色，再轉小火煎熟即成。

77 韭菜盒

{燙麵麵糰就OK！}

永遠吃不膩的地方小吃！

難易度
★★

78

牛舌餅
{燙麵麵糰就OK！}

懷念的古早味，小時候的最愛！

Tips

1. 宜蘭名產牛舌餅是取其餅身薄且長的外型而有此名。餅皮中間要畫一刀是為了防止烘烤時爆開。
2. 熟麵粉在烘焙店有賣。

材料：
中筋麵粉200克、奶油50克、細砂糖20克、黑糖8克、水100c.c.

餡料：
熟麵粉25克、糖粉80克、麥芽糖20克、蜂蜜3克、融化奶油20克、水5c.c.

做法：

1. **製作餅皮：**將細砂糖、黑糖和水拌勻，倒入麵粉中，加入奶油拌勻揉成光滑麵糰，蓋上保鮮膜，醒約25分鐘，然後將醒好的麵糰分割成20小塊。

2. **製作餡料：**將熟麵粉倒入容器中，放入糖粉、麥芽糖和蜂蜜拌勻，然後加入融化奶油和水，拌勻成糰，分割成20小塊。

3. 左手放上餅皮，放入適量的餡料包好，收口朝下擀成長形薄片。

4. 將長形薄片排入烤盤中，以刮刀在餅的表皮上輕輕刮一下，放入已預熱好的烤箱，以180℃烤約15～20分鐘即成。

材料：
中筋麵粉200克、滾水100c.c.、冷水400c.c.、肉絲100克、胡
蘿蔔15克、銀芽80克、蔥段20克、青椒20克、沙拉油少許
醃料：
鹽少許、米酒少許、太白粉少許
調味料：
鹽1/4小匙、雞粉少許、米酒1/2小匙、香油少許、太白粉水少許

做法：

1. **製作餅皮：**中筋麵粉放入容器中，加入滾水攪拌，再加入冷
   水拌勻成糰，揉至光滑，蓋上保鮮膜醒約20分鐘。

2. 麵糰平均分割成2小塊，將2個麵糰重疊，中間抹上一層沙
   拉油，撒上少許麵粉，再擀成一張圓皮。

3. 平底鍋燒熱，放入麵皮，以小火煎至麵皮鼓起，
   翻面再煎至鼓起，取出趁熱將餅分成2片。

4. **製作餡料：**將肉絲放入醃料中醃約15分
   鐘。鍋燒熱，倒入1大匙油，放入蔥段
   爆香，續入肉絲炒至肉白色，放入胡
   蘿蔔絲、青椒絲、銀芽略炒，再加
   入調味料炒至入味，加入些許太白
   粉水拌炒至收汁。

5. 取荷葉餅皮包入餡料即成。

麵點進階班的必修課，一定要學！

79 荷葉餅
{燙麵麵糰就OK！}

難易度
★★★

Tips

1. 做法3.煎好餅皮時，一
   定要趁熱才能將餅皮分
   開成2片，冷卻就黏住無
   法剝開了，詳細做法圖
   片參照P.17。
2. 荷葉餅還可用來做烤鴨
   夾餅、京醬肉餅或春卷
   餅等，學會一種餅的製
   作，用途很多。

難易度
★★★

另類做法也能做，烹飪高手必挑戰！

烤胡椒餅

{燙麵麵糰就OK！}

材料：

油皮：中筋麵粉**300**克、水**150**c.c.、泡打粉**4**克、豬油**12**克

油酥：低筋麵粉**90**克、豬油**45**克

餡料：絞肉 **300**克、蔥末**100**克

調味料：鹽**1/2**小匙、糖**1/2**小匙、米酒少許、胡椒粉**2**小匙

上色：糖水適量（糖**2**小匙＋水**80**c.c.）、生白芝麻適量

＊麵皮中包入餡料，
擠壓餡料。

做法：

1. 油皮、油酥做法參照**p.12**，然後擀成圓麵皮。

2. **製作餡料：**將絞肉加入調味料醃約**15**分鐘。

3. 在麵皮中包入餡料，放入蔥末，封口捏緊。外皮刷上糖水，沾上生芝麻。

4. 將胡椒餅放入已預熱的烤箱，以**200**℃烤約**25**分鐘即成。

Tips

1. 這是利用烤箱，在家就能做的胡椒餅，與傳統大爐灶的烘焙方式不同，但一樣好吃。

2. 外皮刷上糖水，才可以順利沾上白芝麻粒。

難易度
★★

81

芝麻盒
{燙麵麵糰就OK！}

不油不膩的中式甜點，口感紮實。

材料：
燙麵麵糰150克、芝麻餡適量
芝麻餡：
黑芝麻粉100克、花生醬60克、糖40克

做法：
1. **製作芝麻餡：**將黑芝麻粉、糖和花生醬拌勻即成。
2. **製作餅皮：**參照**p.10**做好燙麵麵糰。桌上撒些許手粉，放上燙麵麵糰，分割成**5**小塊，壓扁再擀成圓麵皮。
3. **製作芝麻盒：**左手放上圓餅皮，放入適量的芝麻餡，將餅皮對折成半圓形，邊緣封口捏緊。芝麻盒上面抹濕，放入黑芝麻以手按壓。
4. 平底鍋燒熱，倒入**1**大匙油，放入芝麻盒煎至兩面呈金黃色，再轉小火煎熟即成。

Tips

包完的芝麻盒上中間先沾點水抹濕，放入黑芝麻粒，再以手按壓，黑芝麻粒才會黏得上。

材料：
燙麵麵糰200克、綠豆沙適量

綠豆沙：
綠豆仁150克、二砂60克

做法：

1. **製作綠豆沙：**綠豆仁洗淨放入電鍋中，加入**500c.c.**的水，外鍋倒入**2**杯水，煮至開關跳起。鍋中放入二砂以小火炒香，放入綠豆仁以小火炒勻，加入些許太白粉水炒至水乾，置於一旁放涼。

2. **製作餅皮：**參照**p.10**做好燙麵麵糰。將桌上撒些許手粉，放上燙麵麵糰，分割成**5**小塊，壓扁再擀成圓麵皮。

3. **製作綠豆沙盒：**左手放上圓餅皮，放入適量的綠豆沙，將餅皮對折成半圓形，邊緣封口捏緊。

4. 平底鍋燒熱，倒入**1**大匙油，放入綠豆沙盒煎至兩面呈金黃色，再轉小火煎熟即成。

Tips

若想改成紅豆餡，可先將紅豆150克泡水5小時，放入電鍋，加入100克的細砂糖，倒入450c.c.的水，外鍋倒入2杯水，按下開關煮至開關跳起，內鍋再倒入450c.c.的水，外鍋同樣倒入2杯水再煮一次，煮好後加入些許太白粉水拌勻即成，這是中式的做法。

82
綠豆沙盒
{燙麵麵糰就OK！}

有別於紅豆餡的另一種選擇！

難易度
★★

*

難易度
★★

不油不膩，飯後最佳甜點。

83 紅豆沙鍋餅

{燙麵麵糰就OK！}

材料：
燙麵麵糰300克、紅豆餡200克

做法：
1. **製作紅豆餡：**做法參照**p.89**的**Tips2**。
2. **製作餅皮：**參照**p.10**做好燙麵麵糰。
   將麵糰分成3塊，擀成長方形，中間鋪
   上紅豆餡，先將左右兩邊的麵皮往內
   折，再將上下麵皮往內折壓緊。
3. 平底鍋燒熱，抹上少許油，放入餅皮，
   以小火烙至兩面熟且上色。

Tips

1. 這道中式點心是運用紅豆餡製作的，紅豆餡可在烘焙店購買，或者參照**p.51**的做法。
2. 豆沙餡先整成長方形，再放入麵皮中，這樣較方便製作。

難易度
★★★

鳳梨酥

饋贈親朋好友最佳手工點心

{油皮油酥就OK！}

材料：
中筋麵粉**300**克、酥油**75**克、奶油**100**克、糖粉**35**克、起司粉**2**小匙、雞蛋**2**個、市售鳳梨醬**400**克

做法：
1. 將中筋麵粉、起司粉過篩。雞蛋打發。
2. 將酥油放入容器中，加入融化奶油、糖粉拌勻。
3. **製作餅皮：**將打發的蛋液倒入容器中，先加入做法**2.**拌勻，再加入做法**1.**拌勻壓成糰，分割成**20**小塊。
4. 將餅皮分別包入鳳梨醬，整個放入模型中並整型好，然後取出鳳梨酥移入烤盤中，放入已預熱好的烤箱，以**190**℃烤約**10～15**分鐘即成。

＊將餅皮分別包入鳳梨醬，整個放入模型中並整型好。

Tips

1. 做法**4.**中，可先將包好的鳳梨酥先搓成橢圓形，再直接壓入模型中取出，這樣比較容易操作。
2. 鳳梨餡可在烘焙店買到。

85 蛋黃酥
{油皮油酥就OK！}

材料：
油皮：中筋麵粉**150**克、糖**20**克、豬油**40**克、水**65c.c.**
油酥：低筋麵粉**120**克、豬油**55**克
餡料：紅豆餡**300**克、蛋黃**5**個
其他：米酒少許

做法：

1. **製作油皮：**中筋麵粉過篩後倒入容器中，加入糖、豬油和水，拌勻揉成
   糰，再分成**10**個小糰，蓋上保鮮膜或濕布醒約**20**分鐘。
2. **製作油酥：**低筋麵粉過篩後倒入容器中，加入豬油拌勻，先按壓成糰，
   再分成**10**個小糰，蓋上濕布或放在塑膠袋裡。
3. 取每一個油皮包入油酥，收口呈圓球狀。
4. 以手將圓球壓扁，再將擀麵棍放在圓皮中間，先往上擀薄，再往下同樣
   擀薄，形成一橢圓形麵皮。

*放入餡料包好

5. 將橢圓形麵皮往自己的方向捲起成一長條狀。
6. 以擀麵棍再次上下擀長，捲起成圓柱形。
7. 將圓柱形麵皮排好，蓋上保鮮膜或濕布，醒約**20~30**分鐘，取出再擀成圓麵皮。
8. 在鹹蛋黃上噴少許米酒，放入烤箱烤**4~5**分鐘，然後取出對切。
9. **製作餡料：**紅豆餡做法參照**p.89**的**Tips2**。將蛋黃包入紅豆餡中搓成圓球形。
10. 取擀好的油酥油皮，放入餡料包好，表層刷上蛋液，放入烤盤，移入已預熱的
    烤箱，以上火**200**℃、下火**220**℃烤約**25**分鐘即成。

Tips

1. 油皮油酥的製作過
   程較複雜，可參照
   p.12的製作過程步
   驟圖來做。
2. 製作油酥時，因為沒
   有加入水，只要稍微
   拌勻成糰即可。

高纖營養美味點心

雜糧餅乾
{餅乾麵糰就OK！}

86

Tips

1. 做法2.中蛋液分數次慢慢加入拌勻，可使蛋液充分融入麵糰中，若一次全部倒入，反而較不易揉勻。
2. 麵糰分小塊後先搓圓再以手來壓平邊再整型即可。

材料：
低筋麵粉110克、全麥粉40克、泡打粉2克、黑糖粉50克、細砂糖20克、蛋液40克、無鹽奶油100克、核桃20克、南瓜子20克、葵瓜子20克

做法：
1. 低筋麵粉、泡打粉過篩倒入容器，加入全麥粉拌勻。
2. 黑糖粉過篩倒入另一容器，加入細砂糖、軟化後的奶油（以手指按壓的程度）拌勻。然後分2～3次加入蛋液拌勻，續入麵粉、全麥粉和泡打粉，再加入核桃、南瓜子和葵瓜子揉成糰。
3. 桌上鋪一層不沾布，將麵糰鋪在布上，分割成16小塊，先搓圓再壓平，稍微整型。
4. 將餅乾糰排入烤盤，放入已預熱好的烤箱，以上火200℃、下火180℃烤約20分鐘即成。

材料：

低筋麵粉**110**克、全脂奶粉**35**克、細砂糖**60**克、無鹽奶油**80**克、蛋液**30**克、白芝麻**25**克、黑芝麻**25**克

做法：

1. 將軟化後的奶油放入容器中，加入糖拌勻，續入低筋麵粉、奶粉、蛋液攪拌，再加入白芝麻、黑芝麻揉勻成麵糰。

2. 將麵糰以擀麵棍擀平，放入冰箱中冷藏約**15**分鐘，使其變硬。然後取出，用模型壓出圖案，排入烤盤中，放入已預熱好的烤箱，以上火**200**℃、下火**180**℃烤約**20**分鐘即成。

＊從冰箱取出的麵糰

87

芝麻餅乾

{餅乾麵糰就OK！}

帶油的芝麻烤後會更香，搭配餅乾剛剛好！

難易度

★

難易度
★

葡萄乾餅乾

{餅乾麵糰就OK！}

材料：

低筋麵粉110克、泡打粉1克、全脂奶粉20克、蛋液25克、糖粉45克、無鹽奶油40克、葡萄乾80克

做法：

1. 低筋麵粉、泡打粉過篩倒入容器中，加入奶粉、蛋液、糖粉、軟化後的奶油和葡萄乾拌勻成糰。

2. 桌上鋪一層不沾布，將麵糰鋪在布上，分割成數小塊，先搓圓，稍微整型，再以手掌輕輕壓扁平。

3. 將餅乾糰排入烤盤中，放入已預熱好的烤箱，以上火200℃、下火180℃烤15～20分鐘即成。

Tips

1. 喜歡做餅乾點心的人，可以準備一個數字電子秤，對於材料較可精確測量。

2. 烤所有餅乾之前，烤箱一定要先預熱，而且一預熱完就得馬上送入烤箱中烤，千萬不可預熱完一段時間才烤，因為好不容易預熱好的烤箱又冷掉了。

材料：

低筋麵粉100克、全脂奶粉20克、泡打粉1克、
蛋液20克、奶油50克、細砂糖40克、鹽1克、
海苔30克

Tips

海苔要先用剪
刀剪成絲，再
剪成碎。

做法：

1. 低筋麵粉、泡打粉過篩。

2. 將軟化後的奶油倒入容器中，加入糖、鹽拌
   勻，然後分2~3次加入蛋液拌勻，續入低筋
   麵粉、泡打粉和奶油拌勻，再加入海苔拌勻
   成糰。

3. 桌上鋪一層不沾布，將麵糰鋪在布上，以
   擀麵棍擀平，用模型壓出圖案。

4. 將餅乾糰排入烤盤中，放入已預熱好
   的烤箱，以上下火180℃烤約25分
   鐘即成。

89
海苔餅乾
{餅乾麵糰就OK！}

難易度
★

海苔做的餅乾，吃得到純樸的味道！

90

現 做 現 吃 馬 上 吃 得 到 ， 媽 媽 最 愛 的 零 嘴！

杏仁薄餅
{餅乾麵糰就OK！}

材料：
低筋麵粉**85**克、玉米粉**15**克、糖粉**180**克、蛋白**100**克、
全蛋**70**克、無鹽奶油**125**克、杏仁片**80**克

做法：
1. 低筋麵粉、玉米粉過篩。
2. 將蛋白、全蛋拌勻過篩，加入糖粉拌勻，續入低筋麵
   粉、玉米粉拌勻。加入軟化後的奶油、杏仁片打勻，靜
   置約**25**分鐘。
3. 用湯匙舀上杏仁片麵糊到烤盤上，以叉子攤開杏仁片，
   放入已預熱好的烤箱，以上下火**180**℃烤約**10～12**分鐘
   即成。

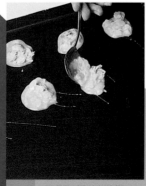

*用湯匙舀取杏仁片糊

Tips
1. 奶油需買無鹽的，在
   一般超市就可買到。
2. 烤盤上要先鋪上烤盤
   紙，餅乾才不會黏在
   烤盤上。

難易度
★

91

傳統食材新吃法

桂圓核桃馬芬

{餅乾麵糊就OK！}

材料：

低筋麵粉**150**克、泡打粉**1**克、蛋液**160**克、奶油**130**克、細砂糖**100**克、牛奶**30**克、桂圓肉**60**克、核桃**40**克、萊姆酒**50c.c.**

做法：

1. 低筋麵粉、泡打粉過篩。
2. 桂圓肉放入萊姆酒中泡約**30**分鐘。
3. **製作麵糊**：將軟化後的奶油倒入容器中，加入細砂糖拌勻，蛋液分**3**次加入並拌勻。續入低筋麵粉、泡打粉和牛奶拌勻成糊狀，再加入核桃、桂圓肉輕輕拌勻。
4. 將麵糊倒入模型中，放入已預熱好的烤箱，以**180**℃烤約**20~25**分鐘即成。

Tips

軟化奶油是指將很硬的奶油放在室溫下一段時間，使其自然軟化，以手指可以按壓的程度即可。

94
菠菜海鮮麵

{冷水麵麵糰就OK！}

材料：

菠菜麵**250**克、鮮蝦**2**尾、蛤蜊**50**克、花枝**60**克、蚵仔**50**克、蔥段**10**克、薑片**10**克、蔥花**10**克、高湯**600c.c.**

調味料：

鹽**1/4**小匙、柴魚粉**1/4**小匙、米酒**1**小匙、淡醬油少許、胡椒粉少許

做法：

1. **製作菠菜麵**：參照**p.11**的**Tips**的做法做好菠菜麵條。
2. 將菠菜麵放入鍋中煮熟，撈起放入大碗中（煮麵方法參照**p.11**）。
3. 鮮蝦去鬚去頭，蛤蜊泡水吐沙，花枝去皮洗淨切片，蚵仔洗淨，高湯做法參照**p.17**。
4. 鍋燒熱，倒入**1**大匙油，放入蔥段、薑片爆香，倒入高湯煮滾，續入海鮮料，加入調味料煮滾，全部盛入麵碗中，撒上蔥花即成。

Tips

除了食譜中的海鮮料外，可選擇當季的材料。

材料：
麵條200克、豬肝150克、蔥段15克、薑絲10克、菠菜30克、高湯800c.c.、辣椒適量
醃料：
薑片10克、蔥段10克、米酒2小匙、鹽少許、太白粉少許
調味料：
鹽1/2小匙、雞粉1/4小匙、胡椒粉少許、香油1小匙、米酒1小匙

做法：

1. **製作麵條：**做法參照**p.11**。
2. 備一鍋滾水，放入麵條，待煮滾後倒入一碗冷水再煮滾，以小火煮約**2**分鐘後撈出瀝乾水分，加入少許油拌勻。
3. 菠菜洗淨切段。豬肝洗淨瀝乾，放入醃料中醃約**10**分鐘，高湯做法參照**p.17**。辣椒切絲。
4. 鍋燒熱，倒入**1**大匙油，放入蔥段、薑絲爆香，倒入高湯煮滾，續入豬肝煮滾，再加入調味料、菠菜、辣椒絲煮滾成料，最後將料倒入麵條中即成。

Tips

豬肝必須等高湯滾了才能放進去，而且不能煮太久，否則會太老。

95
豬肝麵
{冷水麵麵糰就OK！}

難易度
★

98

麻油雞麵

{冷水麵麵糰就OK！}

暖冬進補最好選擇，麻油香味不可少！

材料：
麵條250克、土雞腿1支、薑片25克、枸杞5克、麻油4小匙

調味料：
米酒200c.c.、雞粉1/2小匙

做法：

1. 土雞腿洗淨後去骨切成小塊，放入滾水中稍微汆燙，撈出放入鍋中，倒入**800c.c.**的水，先以大火煮滾，再改小火煮約**40**分鐘，過濾出雞湯。

2. 鍋燒熱，倒入**4**小匙麻油，放入薑片以小火炒約**1**分鐘，續入雞肉炒**1**分鐘，再加入米酒、雞湯，以小火煮約**15**分鐘，加入枸杞、雞粉。

3. **製作麵條：**參照**p.11**的做法做好麵條。

4. 將麵條放入鍋中煮熟，撈出放入大碗中，倒入麻油雞湯、雞肉即成。

Tips

製作這道菜，高湯建議選用**p.17**的雞高湯，比較鮮甜可口。

Tips

1. 這裡教你做軟嫩的排骨，可購買帶骨的里脊肉排，注意醃排骨時記得要將排骨拍鬆軟，切斷有筋的部分再醃，最後炸好的排骨就會軟嫩。
2. 判別油溫是否達到170℃最簡單的方法，就是將竹筷插入油鍋中，若筷子邊緣馬上起泡泡，表示溫度到達。另還有一種方法，就是將一小塊食材丟入油鍋中，若食材馬上浮起，也代表油溫夠了。

材料：

麵條250克、排骨肉2片、青江菜適量、蔥末2小匙、地瓜粉適量、高湯600c.c.

醃料：

醬油1小匙、米酒1小匙、胡椒粉少許、蒜末1小匙

調味料：

鹽少許、雞粉少許

做法：

1. **製作炸排骨**：排骨肉洗淨瀝乾，兩面拍幾下，放入醃料中醃約25分鐘使其入味，取出沾裹一層地瓜粉。備一鍋油，待油溫到達170℃，放入排骨炸熟，撈起瀝乾。
2. **製作麵條**：參照**p.11**的做法做好麵條。
3. 將麵條放入鍋中煮熟，撈出放入大碗中。迅速放入青江菜稍微汆燙，撈出放入大碗中，排入排骨。
4. 高湯做法參照**p.17**。將高湯倒入鍋中煮滾，加入調味料拌勻，然後倒入麵碗中，加入蔥末即成。

99 排骨麵

{冷水麵麵糰就OK！}

萬年不敗的口味，成敗就看炸排骨！

難易度
★★

難易度

★

東 南 亞 麵 點 美 食 第 一 選 擇

肉骨茶麵 100

{冷水麵麵糰就OK！}

材料：
麵條**200**克、小排骨**300**克、市售肉骨茶包**1**包、水**800c.c.**、
大蒜**8**個

館料：
鹽**1/2**小匙、米酒**1**大匙

做法：

1. 小排骨洗淨，放入滾水中汆燙約**2**分鐘，撈出瀝乾。

2. **製作肉骨茶湯：**取一砂鍋，放入小排骨、大蒜，倒入水、肉
   骨茶包，先以大火煮滾，再改小火煮約**1**小時，然後加入調
   味料。

3. **製作麵條：**參照**p.10**的做法做好冷水麵糰。桌面上撒些許乾
   麵粉，放上麵糰先壓扁再擀平，再撒些許乾麵粉，然後切成
   條狀（麵條詳細做法參照**p.11**）

4. 將麵條放入鍋中煮熟，撈出放入大碗中（煮麵方法參照
   p.11），加入肉骨茶湯汁、排骨即成。

Tips

製作肉骨茶使用砂鍋煮，
可縮短烹煮的時間，還具
有保溫效果，使排骨更好
吃。另也可使用電鍋，只
要在外鍋加入**250c.c.**的
水，待開關跳起後續燜約**5**
分鐘，外鍋再次加入
250c.c.的水煮，煮至開關
跳起即成。

國家圖書館出版品預行編目資料

100道簡單麵點馬上吃──利用不發酵
麵糰和水調麵糊，蒸煮煎炸做中、西式
麵食／江豔鳳 著.
--初版.--臺北市：朱雀文化，2008
〔民97〕
120面； 公分(COOK50；86)
ISBN-13：978-986-6780-21-9(平裝)

1.麵 2.食譜-麵食
427.38

100道簡單麵點馬上吃

利用不發酵麵糰和水調麵糊，蒸煮煎炸做中、西式麵食

COOK50086

作者■江豔鳳 攝影■蕭維剛 美術設計■鄧宜琨 編輯■彭文怡 校對■連玉瑩
企畫統籌■李 橘 發行人■莫少閒 出版者■朱雀文化事業有限公司
地址■台北市基隆路二段13-1號3樓 電話■(02)2345-3868 傳真■(02)2345-3828
劃撥帳號■19234566 朱雀文化事業有限公司 e-mail■redbook@ms26.hinet.net
網 址■http://redbook.com.tw 總經銷■展智文化事業股份有限公司
ISBN13碼■ 978-986-6780-21-9 初版一刷■2008.02.01
定 價■280元 出版登記■北市業字第1403號

About買書：
●朱雀文化圖書在北中南各書店及誠品、金石堂、何嘉仁等連鎖書店均有販售，如欲購買本
公司圖書，建議你直接詢問書店店員，如果書店已售完，請撥本公司經銷商北中南區服務專
線洽詢。北區（02）2250-1031 中區（04）2312-5048 南區（07）349-7445
●●上博客來網路書店購書（http://www.books.com.tw），可在全省7-ELEVEN取貨付款。
●●●至郵局劃撥（戶名：朱雀文化事業有限公司，帳號：19234566），
掛號寄書不加郵資，4本以下無折扣，5～9本95折，10本以上9折優惠。
●●●●親自至朱雀文化買書可享9折優惠。